AF252998

VARIÉTÉS SINOLOGIQUES N° 56

CATALOGUE

DES

ÉCLIPSES DE SOLEIL ET DE LUNE

RELATÉES DANS LES DOCUMENTS CHINOIS

ET

COLLATIONNÉES AVEC LE CANON DE TH. RITTER V. OPPOLZER

PAR

LE P. PIERRE HOANG,

DU CLERGÉ DE NANKIN.

CHANG-HAI

IMPRIMERIE DE LA MISSION CATHOLIQUE

ORPHELINAT DE T'OU-SÈ-WÈ

1925

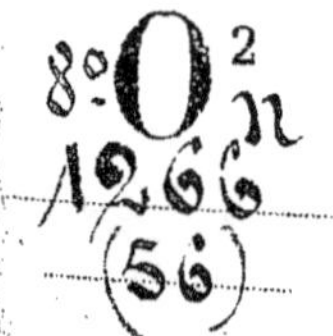

VARIÉTÉS SINOLOGIQUES N° 56

CATALOGUE

DES

ÉCLIPSES DE SOLEIL ET DE LUNE

RELATÉES DANS LES DOCUMENTS CHINOIS

ET

COLLATIONNÉES AVEC LE CANON DE TH. RITTER V. OPPOLZER

PAR

LE P. PIERRE HOANG,

DU CLERGÉ DE NANKIN.

CHANG-HAI

IMPRIMERIE DE LA MISSION CATHOLIQUE

ORPHELINAT DE T'OU-SÈ-WÈ

1925

C.

TABLE DES MATIÈRES

	page
Introduction	I
Avertissement de l'auteur	III
Signes et abréviations	VI
Liste des éclipses de soleil	1
Liste des éclipses de lune	97
Appendice	167
Corrigenda	169

INTRODUCTION.

Le *Catalogue des Éclipses de soleil et de lune,* œuvre du savant et regretté P. Hoang (1830-1909), annoncé aux pages IV et 153 des *Mélanges sur la Chronologie chinoise* (Var. sin. n° 52), vient enfin prendre son rang parmi les *Variétés sinologiques.*

A lire l'*Avertissement* rédigé par le P. Hoang, on croit deviner pourquoi il a entrepris ce minutieux travail : relever les jours où les documents chinois signalent une éclipse, chercher leurs équivalents en style européen, constater que presque toutes les dates européennes ainsi trouvées coïncident avec celles fournies par le calcul et indiquées dans le Canon d'Oppolzer, c'était légitimer la méthode préconisée par l'auteur pour convertir les dates chinoises en dates européennes (voir *Mélanges sur la Chronologie chinoise,* Var. sin. n° 52), méthode avec laquelle il a établi sa *Concordance des Chronologies néoméniques chinoise et européenne* (Var. sin. n° 29). Le plaisir du vieil érudit à remarquer que la vérification réussissait, on l'entrevoit dans son *Avertissement,* et on est heureux que des discussions autour du *Catalogue des Éclipses* ne l'aient pas diminué.

Autres peuples, autres génies ; et, à tout prendre, pour mettre en valeur les perspectives variées du savoir humain, ces différences ne sont-elles pas fécondes ? Une critique bienveillante considérera sans doute que tous les esprits n'ont pas les mêmes curiosités : le P. Hoang travailla avec la sienne, jamais endormie et consciencieuse toujours. Il y satisfit suivant ses goûts, sans éprouver, ni pressentir, certains de nos désirs ; on comprendra, par exemple, que des remarques, des détails d'ordre plutôt astronomique, n'aient pas fixé son attention, et, en pareil cas, on le jugera excusable de laisser à son lecteur le soin de le compléter.

Tel qu'il a été conçu et rédigé, son *Catalogue*, en progrès notable sur la liste donnée par Wylie en 1867, peut devenir un point de départ pour des recherches ultérieures; c'est à ce titre qu'il a paru devoir être publié.

L. GAUCHET, S. J.
OBSERVATOIRE DE ZÔ-SÈ
1ᵉʳ mai 1923.

AVERTISSEMENT.

I. **Principe général de computation.** — Dans ce Catalogue, on a inscrit toutes les éclipses de soleil et de lune relatées dans les Histoires de l'Empire Chinois (1), depuis l'année 776 avant Jésus-Christ (2) jusqu'à l'année 1872 de notre ère. Les dates de ces éclipses sont consignées d'après l'année de règne de l'Empereur, la lune, et le jour, lequel est indiqué par le signe du cycle sexagésimal *(kan-tche* 干 支).

Ces dates, pour chacune des éclipses, sont ensuite traduites en années de l'ère chrétienne (3), en mois et jours solaires. Pour les années avant J.-C., et pour les années après J.-C. jusqu'à l'année 1582, c'est en style julien; depuis l'année 1582, c'est en style grégorien (4). Nous avons eu le plaisir de constater que presque toutes (il y a très peu d'exceptions) ont été enregistrées exactement; nous les retrouvons, en effet, dans le *«Canon der Finsternisse* von Th. Ritter v. Oppolzer »* (5). Il nous a paru bon d'ajouter à la mention de chacune de ces éclipses le numéro correspondant de ce « Canon ». Le lecteur pourra ainsi, s'il lui plaît, se référer à cet ouvrage.

II. **Quelques principes de correction.** — Les éclipses de soleil ne pouvant arriver qu'aux environs de la néoménie, le jour de l'éclipse ne peut être que le 1er ou le 2e jour de la lune, ou bien le dernier ou l'avant-dernier.

---

(1) 詩經. 春秋. 史記. 二十四史. 通志. 文獻通考. 續文獻通考. 皇朝文獻通考. 欽定年表. 圖書集成. 東華錄.

(2) L'éclipse fameuse attribuée au règne de Tchong-k'ang 仲康 (XXème siècle av. J.-C.) a été étudiée par le P. Hoang non pas dans ce Catalogue, mais dans son manuscrit latin *Introductio ad concordantiam chronologiae neomenicae.* Il y relève, sans rien plus, les différentes opinions connues sur la date précise de cette éclipse. *(Note de l'éditeur.)*

(3) Les nombres indiquant les années avant l'ère chrétienne, sont donnés d'après la chronologie historique et non d'après la chronologie astronomique.

(4) Pour les années av. J.-C., si l'on veut comparer les jours solaires correspondant, dans ce Catalogue et dans la *Concordance des Chronologies néoméniques* (Var. sin. nº 29), aux mêmes dates chinoises, il y a lieu de remarquer que, dans cette *Concordance,* les jours solaires sont donnés dans le style grégorien. *(Note de l'éditeur.)*

(5) *Canon der Finsternisse,* von Hofrath Prof. Th. Ritter v. Oppolzer. Wien, 1887.

De même, les éclipses de lune ne pouvant arriver qu'au moment de la pleine lune, c'est seulement le 14e, le 15e ou le 16e jour du mois lunaire que cette éclipse peut prendre place.

Or il y a des documents (en petit nombre à la vérité) dans lesquels les signes cycliques destinés à représenter le jour de l'éclipse solaire ou lunaire ne se trouvent pas dans le cours de la lunaison mentionnée; il y en a d'autres, dans lesquels les jours désignés par les signes cycliques pour l'éclipse solaire ou lunaire ne coïncident pas avec la néoménie ou la pleine lune (aussi bien, ces éclipses ne se trouvent point dans le Canon d'Oppolzer). Tous ces documents doivent donc être tenus pour erronés; il est facile, en effet, de comprendre que des fautes typographiques surviennent dans les nombres ordinaux des années et des lunaisons, ou dans les caractères des signes cycliques.

Parmi ces dates entachées de fautes :

1° Quelques-unes sont semblables à d'autres dates exactes rapportées par d'autres sources ; la différence vient seulement du nombre ordinal de l'année, de la lunaison, ou d'un caractère du signe cyclique. Nous avons omis cette classe de documents, nous contentant des véritables dates (1).

2° Pour quelques autres, le nombre ordinal de la lune ou le signe cyclique peuvent être corrigés par le calcul : si, dans ce cas, le jour ainsi corrigé se trouve alors à la néoménie, ou à la pleine lune, correspondant à une éclipse donnée dans le Canon d'Oppolzer, nous inscrivons cette date corrigée dans notre liste. Pour que le lecteur soit averti de notre correction, nous inscrivons dans ce cas la date fautive entre crochets [ ] et nous la faisons suivre de la date correcte (2).

3° On trouve encore d'autres espèces d'erreurs : a) c'est le jour représenté pas le signe cyclique qui ne se rencontre pas dans la lunaison mentionnée à côté; ou bien b) c'est la coïncidence qui fait défaut avec une néoménie ou une pleine lune. Nous les rapportons néanmoins dans cette liste, mais comme erronées. a) Dans la colonne du jour nous inscrivons o (zéro) si le jour ne se trouve pas dans la lunaison indiquée. b) S'il ne coïncide pas avec la néoménie ou la pleine lune, sur le côté nous ajoutons le signe † (3).

---

(1) V. Appendice, p. 167. *(Note de l'éditeur.)*
(2) V. p. 2, an 574 av. J.-C. ; p. 8, an 123 av. J -C. ; 93 av. J.-C. ; p. 10, an 1 av. J.-C. ; p. 14, an 114 après J.-C. ; p. 28, an 437 apr. J.-C.
(3) V. p. 11, an 33 apr. J.-C. ; p. 13, an 91 apr. J.-C. ; p. 18, an 201 apr. J.-C. ; p. 25, an 362 apr. J -C. ; p. 29, an 449 apr. J -C. ; p. 30, an 472 apr. J.-C.

III. Mentions de documents incomplets. — Il y a, dans les documents déjà cités p. III, note 1, quelques dates d'éclipses qui ne sont pas données complètement ; elles ne fournissent que l'année, ou bien l'année avec la lunaison sans indiquer le jour. Elles sont en très petit nombre. Nous les inscrivons dans ce catalogue à titre de documents d'histoire antique (1).

IV. Notes historiques. — A quelques dates d'éclipses sont ajoutées des notes telles que celles-ci : « Éclipse dissimulée par les nuages » (2) ; « Cette éclipse annoncée n'eut pas lieu » (3). Nous les avons inscrites à leur date correspondante.

V. Divergences avec Oppolzer. — Les Histoires chinoises mentionnent bon nombre d'éclipses dont le jour est d'une journée en retard sur l'éclipse correspondante du Canon d'Oppolzer (ainsi nos Histoires en placent une l'an 154 av. J.-C. au mois d'avril, le 5, et le « Canon » l'inscrit même année même mois, mais le 4 ; nos histoires en ont une l'an 1869 apr. J.-C. au mois d'août, le 8, et le « Canon » la relate même année, même mois, le 7).

Ces éclipses, différentes dans des ouvrages différents, peuvent n'en faire qu'une. L'écart d'un jour peut provenir de ce que, pour les annalistes chinois, le jour commence à minuit, et pour les astronomes européens le jour commence à midi : de sorte que quand l'éclipse de soleil a lieu avant midi, le comput du jour diffère nécessairement d'une unité. Nous avons ajouté en *italique* la date donnée par Oppolzer (4).

Mais il y a d'autres éclipses datées dans les Histoires chinoises, dont le jour au contraire est antidaté par rapport au Canon d'Oppolzer (ainsi nos Histoires en signalent une en l'an 174 après J.-C. au mois de février, le 18 ; le « Canon » la place au 19). On en trouve qui ont jusqu'à deux jours de différence dans la source chinoise et dans Oppolzer (par exemple nos annales portent : année 245 apr. J.-C., mois de mai, le 15 ; Oppolzer dit : même année, même mois, mais le 13). Nous avons également transcrit ces divergences dans notre liste, imprimant en *italique* la date d'Oppolzer, et abandonnant l'explication au jugement des savants et des astronomes.

---

(1) V. p. 2, an 645 av. J.-C. ; p. 4, an 410 av. J.-C.

(2) V. p. 55, an 1006 apr. J.-C. ; 1007 ; 1009 ; p. 58, an 1045.

(3) V. p. 38, an 579 apr. J.-C. ; p. 45, an 714 ; p. 47, an 790 ; p. 56, an 1014 ; p 57, an 1024 ; 1036.

(4) L'auteur, en copiant les dates d'Oppolzer, ne s'est pas inquiété des *heures* des éclipses ; l'eût-il fait et eût-il remarqué le décalage de huit heures environ entre le temps de Chine et celui de Greenwich, certaines différences de dates qu'il signale avec soin auraient disparu ; en revanche, fût-il entré dans ces précisions, parfaite identité des jours n'existerait vraisemblement plus dans d'autres cas. *(Note de l'éditeur.)*

VI. Lieux d'observation. — Le lieu d'observation des éclipses est désigné dans les annales par le nom de la métropole dans laquelle les empereurs ou les rois résidaient à l'époque de l'évènement. Il en résulte que ce lieu change avec la résidence impériale ou royale. Nous notons pour chaque éclipse le lieu de l'observation.

VII. Coordonnées géographiques. — Les coordonnées géographiques sont inscrites d'après l'ouvrage de G. M. H. Playfair: *The Cities and Towns of China.* Dans cet ouvrage il prend comme origine des longitudes le méridien de Greenwich.

PIERRE HOANG,

du clergé de Nankin.

SIGNES ET ABRÉVIATIONS.

* L'astérisque auprès du numéro d'ordre d'une lunaison indique que celle-ci est cave.

[ ] Un nombre entre crochets [ ] indique une date fautive donnée dans les documents chinois; le nombre écrit à côté donne la date corrigée (v. Avertissement, ci-dessus, p. IV, 2º).

o dans les colonnes des jours et des signes cycliques, signale que le jour ne tombe pas dans la lune indiquée (v. Avertissement, ci-dessus, p. IV, 3º);

o dans la colonne Can. Opp., marque l'absence d'une éclipse dans Oppolzer.

† dans la colonne Can. Opp., indique une date fausse (v. Avertissement, ci-dessus, p. IV, 3º).

Italiques. Une date imprimée en lettres *italiques* est une date donnée par Oppolzer, différente de la date tirée des sources chinoises (v. Avertissement, ci-dessus, p. V, § V).

Can. Opp. = *Canon der Finsternisse,* von Th. Ritter v. Oppolzer.

F.   = *fou*   府, préfecture.

H.   , = *hien*   縣, sous-préfecture.

T.   = *tcheou* 州, préfecture de 2^d ordre ou sous-préfecture.

LISTE DES ÉCLIPSES DU SOLEIL.

DYNASTIE.	EMPEREUR OU ROIS.	RÈGNE.	AN.	LUNE.	JOUR.	SIGNE CYCLIQUE.	AN. av. J.C.	MOIS SOL.	JOUR. (1)	LIEU.	CAN. OPP.
姬 周 Ki Tcheou	陶 王 Yeou Wang		6	10	1	辛 卯 28, Sin-mao	776	9	6	*Lat. 34° 17' Long. 108° 58'* 陝 西 西 安 府 Chen-si Si-ngan F.	1013
魯 Lou	隱 公 Yn Kong		3	[2] 3	[0] 3	己 巳 6, Ki-se	720	2	22	*Lat. 35° 36' Long. 117°.* 山 東 曲 阜 縣 Chan-tong K'iu-feou H.	1147
,,	桓 公 Hoan Kong		3	[7] 8	[1] 2	壬 辰 29, Jen-tch'en	709	7	17	,, ,,	1176
,,	,, ,,		17	[10] 11	[1] 3	庚 午 [0] 7, Keng-ou	695	10	10	,, ,,	1211
,,	莊 公 Tchoang Kong		18	[3] 5	[0] 2	壬 子 [0] 49, Jen-tse	676	4	15	,, ,,	1257
,,	,, ,,		25	[6] 6ᵇⁱˢ	[1] 2	辛 未 8, Sin-wei	669	5	27	,, ,,	1275
,,	,, ,,		26	12	[1] 3	癸 亥 60, Koei-hai	668	11	10	,, ,,	1278
,,	,, ,,		30	[9] 10	[1] 2	庚 午 7, Keng ou	664	8	28	,, ,,	1288
,,	僖 公 Hi Kong		5	9	[1] 2	戊 申 45, Meou-chen	655	8	19	,, ,,	1311

(1) En style julien.

EXPLICATION DES ABRÉVIATIONS ET DES SIGNES.

Can. Opp. = Canon der Sonnenfinsternisse von Th. Ritter von Oppolzer.

F. = Fou 府, Préfecture. — H. = Hien 縣, Sous-préfecture. — T. = Tcheou 州, Vice-préfecture indépendante. — ". Lune cave.

†. indique une date fausse.

Pour les autres signes ou abréviations, on est prié de consulter l'*Avertissement*.

DYNASTIE.	EMPEREUR OU ROIS.	RÈGNE.	AN.	LUNE.	JOUR.	SIGNE CYCLIQUE.	AN. av. J.C.	MOIS SOL.	JOUR.	LIEU.	CAN. OPP.
魯 Lou	僖 公 Hi Kong		12	[3] 5	[0] 2	庚 午 7, Keng-ou	648	4	6	Lat. 35° 36' Long. 117°. 山 東 曲 阜 縣 Chan-tong K'iu-feou H.	1328
,,	,, ,,		15	5	0	0	645	3-4		,, ,,	0
,,	文 公 Wen Kong		1	[2] 3	[0] 2	癸 亥 60, Koei-hai	626	2	3	,, ,,	1383
,,	,, ,,		15	[6] 5bis	[1] 3	辛 丑 38, Sin-tch'eou	612	4	28	,, ,,	1419
,,	宣 公 Siuen Kong		8	[7] 10	[0] 2	甲 子 1, Kia-tse	601	9	20	,, ,,	1449
,,	,, ,,		10	4	[0] 2	丙 辰 53, Ping-tch'en	599	3	6	,, ,,	0
						乙 卯 52, Y-mao	599	3	5		1452
,,	,, ,,		17	6	[0] 1	癸 卯 40, Koei-mao	592	5	15	,, ,,	0
,,	成 公 Tch'eng Kong		16	6	[1] 3	丙 寅 3, Ping-yn	575	5	9	,, ,,	1516
,,	,, ,,		17	[12] 11	[1] 2	丁 巳 54, Ting-se	574	10	22	,, ,,	1519
,,	襄 公 Siang Kong		14	2	[1] 3	乙 未 32, Y-wei	559	1	14	,, ,,	1555
,,	,, ,,		15	[8] 7	[0] 3	丁 巳 54, Ting-se	558	3	31	,, ,,	1559

DYNASTIE.	EMPEREUR OU ROIS.	RÈGNE.	AN.	LUNE.	JOUR.	SIGNE CYCLIQUE.	AN. av.J.C.	MOIS SOL.	JOUR.	LIEU.	CAN. OPP.
										Lat. 35° 36' Long. 117°.	
魯 Lou	襄 公 Siang Kong		20	10	[1] 2	丙 辰 53, Ping-tch'en	553	8	31	山 東 曲 阜 縣 Chan-tong K'iu-feou H.	1572
,,	,, ,,		21	9	[1] 2	庚 戌 47, Keng-siu	552	8	20	,, ,,	1574
,,	,, ,,		,,	10	[1] 2	庚 辰 17, Keng-tch'en	,,	9	19	,, ,,	0
,,	,, ,,		23	2	[1] 3	癸 酉 10, Koei-yeou	550	1	5	,, ,,	1579
,,	,, ,,		24	7	[1] 2	甲 子 1, Kia-tse	549	6	19	,, ,,	1582
,,	,, ,,		,,	8	[1] 2	癸 巳 30, Koei-se	,,	7	18	,, ,,	0
,,	,, ,,		27	[12] 11	[1] 2	乙 亥 12, Y-hai	546	10	13	,, ,,	1590
,,	昭 公 Tchao Kong		7	4	[1] 2	甲 辰 41, Kia-tch'en	535	3	18	,, ,,	1616
,,	,, ,,		15	[6] 5	[1] 2	丁 巳 54, Ting-se	527	4	18	,, ,,	1636
,,	,, ,,		17	[6] 7	1	甲 戌 11. Kia-siu	525	6	17	,, ,,	0
,,	,, ,,		21	7	[1] 2	壬 午 19, Jen-ou	521	6	10	,, ,,	1652
,,	,, ,,		22	12	[1] 2	癸 酉 10, Koei-yeou	520	11	23	,, ,,	1655

DYNASTIE.	EMPEREUR OU ROIS.	RÈGNE.	AN.	LUNE.	JOUR.	SIGNE CYCLIQUE.	AN. av.J.C.	MOIS SOL.	JOUR.	LIEU.	CAN. OPP.
魯 Lou	昭 公 Tchao Kong		24	5	[1] 2	乙 未 32, Y-wei	518	4	9	Lat. 35° 36' Long. 117°. 山 東 曲 阜 縣 Chan-tong K'iu-feou H.	1659
,,	,, ,,		31	12	[1] 2	辛 亥 48, Sin-hai	511	11	14	,, ,,	1678
,,	定 公 Ting Kong		5	3	[1] 2	辛 亥 48, Sin-hai	505	2	16	,, ,,	1690
,,	,, ,,		12	[11] 10	[1] 2	丙 寅 3, Ping-yn	498	9	22	,, ,,	1709
,,	,, ,,		15	8	[1] 2	庚 辰 17, Keng-tch'en	495	7	22	,, ,,	1717
,,	哀 公 Ngai Kong		14	5	[1] 2	庚 申 57, Keng-chen	481	4	19	,, ,,	1751
嬴 秦 Yng Ts'in	厲 公 Li Kong		34				443			Lat. 34° 17' Long. 108° 58' 陝 西 西 安 府 Chen-si Si-ngan F.	{1843 {1844
,,	躁 公 T'sao Kong		8	6			435	5		,, ,,	1863
,,	簡 公 Kien Kong		5				410			,, ,,	
姬 周 Ki Tcheou	安 王 Ngan Wang		5				397			Lat. 34° 43' Long. 112° 28' 河 南 河 南 府 Ho-nan Ho-nan F.	

DYNASTIE.	EMPEREUR OU ROIS.	RÈGNE.	AN.	LUNE.	JOUR.	SIGNE CYCLIQUE.	AN. av.J.C.	MOIS SOL.	JOUR.	LIEU.		CAN. OPP.
										Lat. 34° 17' Long. 108° 58' 陝 西 西 安 府 Chen-si Si-ngan F.		
嬴 秦 Yng Ts'in	献 公 Hien Kong		3				382			,,	,,	
,,	,, ,,		10				375			,,	,,	
,,	,, ,,		16				369			,,	,,	
,,	昭 王 Tchao Wang		1				301			,,	,,	
,,	莊 襄 王 Tchoang-siang Wang		2				248			,,	,,	
,,	,, ,,		3	4			247	5-6		,,	,,	
西 漢 Si Han	高 祖 Kao Tsou		3	10	30	甲 戌 11, Kia-siu	205	12	20	,,	,,	2387
,,	,, ,,		,,	11*	29	癸 卯 40, Koei-mao	204	1	18	,,	,,	0
,,	,, ,,		9	6*	29	乙 未 32, Y-wei	198	8	7	,,	,,	2402
,,	惠 帝 Hoei Ti		7	1	1	辛 丑 38, Sin-tch'eou	188	2	21	,,	,,	0
,,	,, ,,		,,	5*	29	丁 卯 4, Ting-mao	,,	7	17	,,	,,	2425
,,	高 后 Kao Heou		2	6	30	丙 戌 23, Ping-siu	186	7	26	,,	,,	0

DYNASTIE.	EMPEREUR.	RÈGNE.	AN.	LUNE.	JOUR.	SIGNE CYCLIQUE.	AN. av.J.C.	MOIS SOL.	JOUR.	LIEU.	CAN. OPP.
西 漢 Si Han	高 后 Kao Heou		7	1	30	己 丑 26, Ki-tch'eou	181	3	4	Lat. 34° 17' Long. 108° 58' 陝 西 西 安 府 Chen-si Si-ngan F.	2441
,,	文 帝 Wen Ti	前 Tsien	2	11	30	癸 卯 40, Koei-mao	178	1	2	,, ,,	2447
,,	,, ,,	,, ,,	3	10	30	丁 酉 34, Ting-yeou	,,	12	22	,, ,,	2449
,,	,, ,,	,, ,,	,,	[11*]12	[29] 1	丁 卯 4, Ting-mao	177	1	21	,, ,,	0
,,	,, ,,	後 Heou	4	4	30	丙 辰 53, Ping-tch'en	160	6	9	,, ,,	0
,,	,, ,,	,, ,,	7	1	1	辛 未 8, Sin-wei	157	2	9	,, ,,	0
,,	景 帝 King Ti	前 Tsien	3	2	30	壬 午 19, Jen-ou	154	4	5	,, ,,	
						[辛 巳] 18, Sin-se	,,	4	4	,, ,,	2506
,,	,, ,,	,, ,,	4	10	30	戊 戌　　戊 寅 [35, Meou-siu] 15, Meou-yn	154	11	27	,, ,,	
						[己 卯] 16, Ki-mao	,,	11	[29]28 (1)	,, ,,	2507
,,	,, ,,	,, ,,	7	11	30	庚 寅 27, Keng-yn	150	1	22	,, ,,	2515

(1) Dans cet essai de conciliation avec le « Canon », il y a erreur de lecture de la part du P. Hoang ; Oppolzer donne IX 29 (les chiffres romains indiquant le mois ; les arabes, le quantième) et non XI 29. L'éclipse signalée par le document chinois n'existe pas dans Oppolzer. (*Note de l'éditeur.*)

DYNASTIE.	EMPEREUR.	RÈGNE.	AN.	LUNE.	JOUR.	SIGNE CYCLIQUE.	AN. av.J.C.	MOIS SOL.	JOUR.	LIEU.	CAN. OPP.
										Lat. 34° 17' Long. 108° 58'	
西 漢 Si Han	景 帝 King Ti	中 Tchong	1	12	30	甲 寅 51, Kia-yn	149	2	10	陝 西 西 安 府 Chen-si Si-ngan F.	0
,,	,, ,,	,, ,,	2	9	30	甲 戌 11, Kia-siu	148	10	22	,, ,,	0
,,	,, ,,	,, ,,	3	9	30	戊 戌 35, Meou-siu	147	11	10	,, ,,	2523
,,	,, ,,	,, ,,	4	10	20 †	戊 午 55, Meou-ou	,,	11	30	,, ,,	0
,,	,, ,,	,, ,,	6	7*	29	辛 亥 48, Sin-hai	144	9	8	,, ,,	2530
,,	,, ,,	後 Heou	1	7	29	乙 巳 42, Y-se	143	8	28	,, ,,	2532
,,	,, ,,	,, ,,	3				141			,, ,,	
,,	武 帝 Ou Ti	建 元 Kien-yuen	2	2	1	丙 戌 23, Ping-siu	139	3	21	,, ,,	0
,,	,, ,,	,, ,,	3	9	30	丙 子 13, Ping-tse	138	11	1	,, ,,	2545
,,	,, ,,	,, ,,	5	1	1	己 巳 6, Ki-se	136	2	16	,, ,,	0
,,	,, ,,	元 光 Yuen-koang	1	2	30	丙 辰 53, Ping-tch'en	134	3	25	,, ,,	0
,,	,, ,,	,, ,,	,,	7	39	癸 未 20, Koei-wei	,,	8	19	,, ,,	2555

DYNASTIE.	EMPEREUR.	RÈGNE.	AN.	LUNE.	JOUR.	SIGNE CYCLIQUE.	AN. av.J.C.	MOIS SOL.	JOUR.	LIEU.	CAN. OPP.
西 漢 Si Han	武 帝 Ou Ti	元 朔 Yuen-chouo	2	2*	29	乙 巳 42, Y-se	127	4	6	Lat. 34° 17' Long. 108° 58' 陜 西 西 安 府 Chen-si Si-ngan F.	2570
,,	,,　　,,	,,　　,,	6	[11]12*	29	癸 丑 50, Koei-tch'eou	123	1	23	,,　　,,	2579
,,	,,　　,,	元 狩 Yuen-cheou	1	5	30	乙 巳 42, Y-se	122	7	9	,,　　,,	2582
,,	,,　　,,	元 鼎 Yuen-ting	5	4	30	丁 丑 14, Ting-tch'eou	112	6	18	,,　　,,	2606
,,	,,　　,,	元 封 Yuen-fong	4	6	1	已 酉 46, Ki-yeou	107	6	24	,,　　,,	0
,,	,,　　,,	太 始 T'ai-che	1	1	30	乙 巳　　乙 亥 [42, Y-se] 12, Y-hai	96	3	24	,,　　,,	0
,,	,,　　,,	,,　　,,	4	[10*]11	[29] 1	甲 寅 51, Kia-yn	93	12	12	,,　　,,	2652
,,	,,　　,,	征 和 Tcheng-houo	4	8	30	辛 酉 58, Sin-yeou	89	9	29	,,　　,,	2661
,,	昭 帝 Tchao Ti	始 元 Che-yuen	3	11	1	壬 辰 29, Jen-tch'en	84	12	3	,,　　,,	2674
,,	,,　　,,	元 鳳 Yuen-fong	1	7	30	已 亥 36, Ki-hai	80	9	20	,,　　,,	2684
,,	宣 帝 Siuen Ti	地 節 Ti-tsié	1	12	30	癸 亥 60, Koei-hai	68	2	13	,,　　,,	2712
,,	,,　　,,	五 鳳 Ou-fong	1	12	1	乙 酉 32, Y-yeou	56	1	3	,,　　,,	2742

DYNASTIE.	EMPEREUR.	RÈGNE.	AN.	LUNE.	JOUR.	SIGNE CYCLIQUE.	AN. av.J.C.	MOIS SOL.	JOUR.	LIEU.	CAN. OPP.
西漢 Si Han	宣帝 Siuen Ti	五鳳 Ou-fong	4	4	1	辛丑 38, Sin-tch'eou	54	5	9	Lat. 34° 17' Long. 108° 58' 陝西西安府 Chen-si Si-ngan F.	2747
,,	元帝 Yuen Ti	永光 Yong-koang	2	3	1	壬戌 59, Jen-siu	42	3	28	,, ,,	
						辛酉 58, Sin-yeou	..	3	27		2777
,,	,, ,,	,, ,,	4	6	30	戊寅 15, Meou-yn	40	7	31	,, ,,	2784
,,		建昭 Kien-tchao	5	6*	29	壬申 9, Jen-chen	34	8	23	,, ,,	0
,,	成帝 Tch'eng Ti	建始 Kien-che	3	12	1	戊申 45, Meou-chen	29	1	5	,, ,,	2810
,,	,, ,,	河平 Ho-p'ing	1	4	30	己亥 36, Ki-hai	28	6	19	,, ,,	2813
,,	,, ,,	,, ,,	3	8*	29	乙卯 52, Y-mao	26	10	23	,, ,,	2820
,,	,, ,,	,, ,,	4	3	1	癸丑 50, Koei-tch'eou	25	4	18	,, ,,	2821
,,	,, ,,	陽朔 Yang-cho	1	2	30	丁未 44, Ting-wei	24	4	7	,, ,,	2823
,,	,, ,,	永始 Yong-che	1	9	30	丁巳 54, Ting-se	16	11	1	,, ,,	2846
,,	,, ,,	,, ,,	2	2	30	乙酉 22, Y-yeou	15	3	29	,, ,,	2847

DYNASTIE.	EMPEREUR.	RÈGNE.	AN.	LUNE.	JOUR.	SIGNE CYCLIQUE.	AN. av.J.C.	MOIS SOL.	JOUR.	LIEU.	CAN. OPP.
西 漢 Si Han	成 帝 Tch'eng Ti	永 始 Yong-che	3	1	30	己 卯 16, Ki-mao	14	3	18	*Lat. 34° 17' Long. 108° 58'* 陝 西 西 安 府 Chen-si Si-ngan F.	2849
,,	,, ,,	,, ,,	4	7	30	辛 未 8, Sin-wei	13	8	31	,, ,,	2852
,,	,, ,,	元 延 Yuen-yen	1	1	1	己 亥 36, Ki-hai	12	1	26	,, ,,	2853
,,	哀 帝 Ngai Ti	元 壽 Yuen-cheou	1	1	1	辛 丑 38, Sin-tch'eou	2	2	5	,, ,,	2879
,,	,, ,,	,, ,,	2	4	30	壬 辰 壬 戌 [29,Jen-tch'en]59,Jen-siu	1	6	20	,, ,,	2882
							AN. ap.J.C.				
,,	平 帝 P'ing Ti	元 始 Yuen-che	1	5	1	丁 巳 54, Ting-se	1	6	10	,, ,,	2885
,,	,, ,,	,, ,,	2	9	30	戊 申 45, Meou-chen	2	11	23	,, ,,	2888
,,	孺 子 嬰 Jou-tse Yng		1	10	1	丙 辰 53, Ping-tch'en	6	11	10	,, ,,	0
,,	王 莽 Wang Mang	天 鳳 T'ien-fong	1	3	30	壬 申 9, Jen-chen	14	4	18	,, ,,	2917
,,	,, ,,	,, ,,	3	7*	29	戊 子 25, Meou-tse	16	8	21	,, ,,	2923

DYNASTIE.	EMPEREUR.	RÉGNE.	AN.	LUNE.	JOUR.	SIGNE CYCLIQUE.	AN. ap.J.C.	MOIS SOL.	JOUR.	LIEU.	CAN. OPP.
東 漢 Tong Han	光 武 帝 Koang-ou Ti	建 武 Kien-ou	1	1	1	庚 午 7, Keng-ou	25	2	17	Lat. 34° 43' Long. 112° 28' 河 南 河 南 府 Ho-nan Ho-nan F.	
						己 巳 6, Ki-se	,,	2	16		2944
,,	,, ,,	,, ,,	2	1	1	甲 子 1, Kia-tse	26	2	6	,, ,,	2948
,,	,, ,,	,, ,,	3	5	30	乙 卯 52, Y-mao	27	7	22	,, ,,	2951
,,	,, ,,	,, ,,	6	9	30	丙 寅 3, Ping-yn	30	11	14	,, ,,	2959
,,	,, ,,	,, ,,	7	3	30	癸 亥 60, Koei-hai	31	5	10	,, ,,	2960
,,	,, ,,	,, ,,	9	7	0	丁 酉 [34, Ting-yeou] †	33	8-9		,, ,,	0
,,	,, ,,	,, ,,	16	3	30	辛 丑 38, Sin-tch'eou	40	4	30	,, ,,	
						庚 子 37, Keng-tse	,,	4	20		2984
,,	,, ,,	,, ,,	17	2*	29	乙 未 32, Y-wei	41	4	19	,, ,,	2986
,,	,, ,,	,, ,,	22	5	30	乙 未 32, Y-wei	46	7	22	,, ,,	2999
,,	,, ,,	,, ,,	25	3*	29	戊 申 45, Meou-chen	49	5	20	,, ,,	3007

DYNASTIE.	EMPEREUR.	RÈGNE.	AN.	LUNE.	JOUR.	SIGNE CYCLIQUE.	AN. ap. J.C.	MOIS SOL.	JOUR.	LIEU.	CAN. OPP.
東 漢 Tong Han	光 武 帝 Koang-ou Ti	建 武 Kien-ou	29	2	1	丁 巳 54, Ting-se	53	3	9	*Lat. 34° 43' Long. 112° 28'* 河 南 河 南 府 Ho-nan Ho-nan F.	3017
,,	,, ,,	,, ,,	31	5	30	癸 酉 10, Koei-yeou	55	7	13	,, ,,	3024
,,	,, ,,	建 武 中 元 Kien-ou Tchong-yuen	1	11*	29	甲 子 1, Kia-tse	56	12	25	,, ,,	3027
,,	明 帝 Ming Ti	永 平 Yong-p'ing	3	8*	29	壬 申 9, Jen-chen	60	10	13	,, ,,	3036
,,	,, ,,	,, ,,	4	8*	29	丙 寅 3, Ping-yn	61	10	2	,, ,,	3039
,,	,, ,,	,, ,,	5	2	1	乙 未 32, Y-wei	62	2	28	,, ,,	
						甲 午 *31, Kia-ou*	,,	2	27		*3040*
,,	,, ,,	,, ,,	6	6	[24]29	庚 辰　 乙 酉 [17, Keng-tch'en] 22, Y-yeou	63	8	12	,, ,,	3043
,,	,, ,,	,, ,,	8	10	30	壬 寅 39, Jen-yn	65	12	16	,, ,,	3050
,,	,, ,,	,, ,,	13	[8bis]7bis	29	甲 辰 41, Kia-tch'en	70	9	23	,, ,,	3060
,,	,, ,,	,, ,,	16	5	30	戊 午 55, Meou-ou	73	7	23	,, ,,	3068
,,	,, ,,	,, ,,	18	11	30	甲 辰 41, Kia-tch'en	75	12	26	,, ,,	3074

DYNASTIE.	EMPEREUR.	RÈGNE.	AN.	LUNE.	JOUR.	SIGNE CYCLIQUE.	AN. ap.J.C.	MOIS SOL.	JOUR.	LIEU.	CAN. OPP.
東 漢 Tong Han	章 帝 Tchang Ti	建 初 Kien-tch'ou	5	2	1	庚 辰 17, Keng-tch'en	80	3	10	*Lat. 34° 43' Long. 112° 28'* 河 南 河 南 府 Ho-nan Ho-nan F.	3084
,,	,, ,,	,, ,,	6	6	30	辛 未 8, Sin-wei	81	8	23	,, ,,	3087
,,	,, ,,	章 和 Tchang-houo	1	8	30	乙 未 32, Y-wei	87	10	15	,, ,,	3102
,,	和 帝 Houo Ti	永 元 Yong-yuen	2	2	2	壬 午 19, Jen-ou	90	3	20.	*Lat. 30° 57' Long. 116° 29'* 直 隸 順 天 府 Tche-li Choen-t'ien F. (1)	3108
,,	,, ,,	,, ,,	3	8	23	乙 未 32, Y-wei †	91	9	24	*Lat. 34° 43' Long. 112° 28'* 河 南 河 南 府 Ho-nan Ho-nan F.	0
,,	,, ,,	,, ,,	4	6	1	戊 戌 35, Meou-siu	92	7	23	,, ,,	3114
,,	,, ,,	,, ,,	7	4	1	辛 亥 48, Sin-hai	95	5	22	,, ,,	3122
,,	,, ,,	,, ,,	12	7	1	辛 亥 48, Sin-hai	100	8	23	,, ,,	3134
,,	,, ,,	,, ,,	15	4	30	甲 子 1, Kia-tse	103	6	22	,, ,,	3142
,,	安 帝 Ngan Ti	永 初 Yong-tch'ou	1	3	2	癸 酉 10, Koei-yeou	107	4	11	,, ,,	3150
,,	,, ,,	,, ,,	3	3	0	0	109	4-5		,, ,,	0

(1) Autrement nommé Pé-king.

DYNASTIE.	EMPEREUR.	RÈGNE.	AN.	LUNE.	JOUR.	SIGNE CYCLIQUE.	AN. ap.J.C.	MOIS SOL.	JOUR.	LIEU.	CAN. OPP.
東 漢 Tong Han	安 帝 Ngan Ti	永 初 Yong-tch'ou	5	1	1	庚 辰 17, Keng-tch'en	111	1	27	Lat. 34° 43' Long. 112° 28' 河 南 河 南 府 Ho-nan Ho-nan F.	3160
,,	,, ,,	,, ,,	7	4	30	丙 申 33, Ping-chen	113	6	1	,, ,,	3167
,,	,, ,,	元 初 Yuen-tch'ou	1	[3] 4	[0] 1	癸 卯 辛 卯 [40,Koei-mao]28,Sin-mao	114	5	22	,, ,,	3169
,,	,, ,,	,, ,,	,,	10	1	戊 子 25, Meou-tse	,,	11	15	,, ,,	3170
,,	,, ,,	,, ,,	2	9	30	壬 午 19, Jen-ou	115	11	4	,, ,,	3173
,,	,, ,,	,, ,,	3	3	2	辛 亥 48, Sin-hai	116	4	1	Lat. 41° 51' Long. 123° 38' 盛 京 奉 天 府 Cheng-kin Fong-t'ien F.(1)	
						庚 戌 47, Keng-siu	,,	3	31		3174
,,	,, ,,	,, ,,	4	2	1	乙 巳 42, Y-se	117	3	21	Lat. 34° 43' Long. 112° 28' 河 南 河 南 府 Ho-nan Ho-nan F.	3176
,,	,, ,,	,, ,,	5	8	1	丙 申 33, Ping-chen	118	9	3	Lat. 39° 01' Long. 100° 56' 甘 肅 甘 州 府 Kan-sou Kan-tcheou F.	3179
,,	,, ,,	,, ,,	6	12	1	戊 午 55, Meou-ou	120	1	18	Lat. 34° 43' Long. 112° 28' 河 南 河 南 府 Ho-nan Ho-nan F.	3184

(1) Moukden.

DYNASTIE.	EMPEREUR.	RÈGNE.	AN.	LUNE.	JOUR.	SIGNE CYCLIQUE.	AN. ap.J.C.	MOIS SOL.	JOUR.	LIEU.	CAN. OPP.
東 漢 Tong Han	安 帝 Ngan Ti	永 寧 Yong-ning	1	7	1	乙 酉 22, Y-yeou	120	8	12	*Lat. 39° 46' Long. 99° 07'* 甘 肅 肅 州 Kan-sou Sou T.	0
,,	,, ,,	延 光 Yen-koang	3	9	30	庚 申 57, Keng-chen	124	10	25	*Lat. 34° 43' Long. 112° 28'* 河 南 河 南 府 Ho-nan Ho-nan F.	3195
,,	,, ,,	,, ,,	4	3	1	戊 午 55, Meou-ou	125	4	21	,, ,,	3196
,,	順 帝 Choen Ti	永 建 Yong-kien	2	7	1	甲 戌 11, Kia-siu	127	8	25	,, ,,	3202
,,	,, ,,	陽 嘉 Yang-kia	4	8bis	1	丁 亥 24, Ting-hai	135	9	25	*Lat. 26° 08' Long. 111° 35'* 湖 南 永 州 府 Hou-nan Yong-tcheou F.	3221
,,	,, ,,	永 和 Yong-houo	3	12	1	戊 戌 35, Meou-siu	139	1	18	*Lat. 29° 56' Long. 120° 39'* 浙 江 紹 興 府 Tché-kiang Chao-hing F.	3230
,,	,, ,,	,, ,,	5	5	30	己 丑 26, Ki-tch'eou	140	7	2	*Lat. 34° 43' Long. 112° 28'* 河 南 河 南 府 Ho-nan Ho-nan F.	3233
,,	,, ,,	,, ,,	6	9	30	辛 亥 48, Sin-hai	141	11	16	,, ,,	3237
,,	桓 帝 Hoan Ti	建 和 Kien-houo	1	1	1	辛 亥 48, Sin-hai	147	2	18	Dans les Provinces.	
						庚 戌 *47. Keng-siu*	,,	*2*	*17*		*3249*

DYNASTIE.	EMPEREUR.	RÈGNE.	AN.	LUNE.	JOUR.	SIGNE CYCLIQUE.	AN. ap.J.C.	MOIS SOL.	JOUR.	LIEU.	CAN. OPP.
東 漢 Tong Han	桓 帝 Hoan Ti	建 和 Kien-houo	3	4	30	丁 卯 4, Ting-mao	149	6	23	Lat. 34° 43' Long. 112° 28' 河 南 河 南 府 Ho-nan Ho-nan F.	
,,	,, ,,	元 嘉 Yuen-kia	2	7	2	庚 辰 17, Keng-tch'en	152	8	19	Lat. 32° 21' Long. 119° 15' 江 蘇 楊 州 府 Kiang-sou Yang-tcheou F.	0
,,	,, ,,	永 興 Yong-hing	2	9	1	丁 卯 4, Ting-mao	154	9	25	Lat. 34° 43' Long. 112° 28' 河 南 河 南 府 Ho-nan Ho-nan F.	3267
,,	,, ,,	永 壽 Yong-cheou	3	5bis	30	庚 辰 17, Keng-tch'en	157	7	24	Dans les Provinces.	3274
,,	,, ,,	延 熹 Yen-hi	1	5*	29	甲 戌 11, Kia-siu	158	7	13	Lat. 34° 43' Long. 112° 28' 河 南 河 南 府 Ho-nan Ho-nan F.	3276
,,	,, ,,	,, ,,	8	1	30	丙 申 33, Ping-chen	165	2	28	,, ,,	3291
,,	,, ,,	,, ,,	9	1	1	辛 卯 28, Sin-mao	166	2	18	Dans les Provinces.	
						庚 寅 27, Keng-yn	,,	2	17		3294
,,	,, ,,	永 康 Yong-k'ang	1	5	30	壬 子 49, Jen-tse	167	7	4	Lat. 34° 43' Long. 112° 28' 河 南 河 南 府 Ho-nan Ho-nan F.	3298
,,	靈 帝 Ling Ti	建 寧 Kien-ning	1	5	1	丁 未 44, Ting-wei	168	6	23	,, ,,	

DYNASTIE.	EMPEREUR.	RÈGNE.	AN.	LUNE.	JOUR.	SIGNE CYCLIQUE.	AN. ap.J.C.	MOIS SOL.	JOUR.	LIEU.	CAN. OPP.
						丙 午 43, *Ping-ou*	*168*	*6*	*22*		*3300*
東 漢 Tong Han	靈 帝 Ling Ti	建 寧 Kien-ning	1	10	30	甲 辰 41, Kia-tch'en	,,	12	17	*Lat. 34° 43' Long. 112° 28'* 河 南 河 南 府 Ho-nan Ho-nan F.	3301
,,	,, ,,	,, ,,	2	10	30	戊 戌 35, Meou-siu	169	12	6	,, ,,	3303
,,	,, ,,	,, ,,	3	3	30	丙 寅 3, Ping-yn	170	5	3	,, ,,	3304
,,	,, ,,	,, ,,	4	3	1	辛 酉 58, Sin-yeou	171	4	23	,, ,,	
						庚 申 57, *Keng-chen*	,,	4	22		*3306*
,,	,, ,,	熹 平 Hi-p'ing	2	12	29	癸 酉 10, Koei-yeou	174	2	18	,, ,,	
						甲 戌 11, *Kia-siu*	,,	*2*	*19*		*3312*
,,	,, ,,	,, ,,	6	10	1	癸 丑 50, Koei-tch'eou	177	11	9	,, ,,	0
,,	,, ,,	光 和 Koang-houo	1	2	1	辛 亥 48, Sin-hai	178	3	7	,, ,,	0
,,	,, ,,	,, ,,	,,	10	30	丙 子 13, Ping-tse	,,	11	27	,, ,,	3323
,,	,, ,,	,, ,,	2	4	1	甲 戌 11, Kia-siu	179	5	24	,, ,,	3324

DYNASTIE.	EMPEREUR.	RÈGNE.	AN.	LUNE.	JOUR.	SIGNE CYCLIQUE.	AN. ap.J.C.	MOIS SOL.	JOUR.	LIEU.	CAN. OPP.
東 漢 Tong Han	靈 帝 Ling Ti	光 和 Koang-houo	4	9	1	庚 寅 27, Keng-yn	181	9	26	Lat. 34° 43' Long. 112° 28' 河 南 河 南 府 Ho-nan Ho-nan F.	3329
,,	,, ,,	中 平 Tchong-p'ing	3	5	30	壬 辰 29, Jen-tch'en	186	7	4	,, ,,	3340
,,	,, ,,	,, ,,	6	4	1	丙 午 43, Ping-ou	189	5	3	,, ,,	3347
,,	獻 帝 Hien Ti	初 平 Tch'ou-p'ing	4	1	1	甲 寅 51, Kia-yn	193	2	19	Lat. 34° 17' Long. 108° 58' 陝 西 西 安 府 Chen-si Si-ngan F.	3355
,,	,, ,,	興 平 Hing-p'ing	1	6	30	乙 巳 42, Y-se	194	8	4	,, ,,	
						甲 辰 41, Kia-tch'en	,,	8	3		3358
,,	,, ,,	建 安 Kien-ngan	5	9	1	庚 午 7, Keng-ou	200	9	26	Lat. 34° 06' Long. 114° 河 南 許 州 Ho-nan Hiu T.	3372
,,	,, ,,	,, ,,	6	[3] 2	1	丁 卯 4, Ting-mao	201	3	22	,, ,,	
						丙 寅 3, Ping-yn	,,	3	21		3373
,,	,, ,,	,, ,,	,,	10	[1] 20	癸 未 20, Koei-wei †	,,	12	3	,, ,,	0

DYNASTIE.	EMPEREUR.	RÈGNE.	AN.	LUNE.	JOUR.	SIGNE CYCLIQUE.	AN. ap.J.C.	MOIS SOL.	JOUR.	LIEU.	CAN. OPP.
東 漢 Tong-Han	獻 帝 Hien Ti	建 安 Kien-ngan	13	10	1	癸 未 20, Koei-wei	208	10	27	*Lat. 34° 06' Long. 114°* 河 南 許 州 Ho-nan Hiu T.	3391
,,	,, ,,	,, ,,	15	2	1	乙 巳 42, Y-se	210	3	13	,, ,,	
						甲 辰 *41, Kia-tch'en*	,,	3	12		*3394*
,,	,, ,,	,, ,,	17	6*	29	庚 寅 27, Keng-yn	212	8	14	,, ,,	3399
,,	,, ,,	,, ,,	21	5	1	己 亥 36, Ki-hai	216	6	3	,, ,,	
						戊 戌 *35, Meou-siu*	,,	6	2		*3408*
,,	,, ,,	,, ,,	24	2	30	壬 子 49, Jen-tse	219	4	2	,, ,,	3414
,,	,, ,,	延 康 Yen-k'ang	1	2	1	丁 未 44, T'ing-wei	220	3	22	,, ,,	3417
前 魏 Ts'ien Wei	文 帝 Wen Ti	黃 初 Hoang-tch'ou	2	6*	29	戊 辰 5, Meou-tch'en	221	8	5	*Lat. 34° 43' Long. 112° 28'* 河 南 河 南 府 Ho-nan Ho-nan F.	3420
,,	,, ,,	,, ,,	3	1	1	丙 寅 3, Ping-yn	222	1	30	,, ,,	3421
,,	,, ,,	,, ,,	,,	11	30	庚 申 57, Keng-chen	223	1	19	,, ,,	3423

DYNASTIE.	EMPEREUR.	RÈGNE.	AN.	LUNE.	JOUR.	SIGNE CYCLIQUE.	AN. ap. J.C.	MOIS SOL.	JOUR.	LIEU.	CAN. OPP.
前 魏 Ts'ien Wei	文 帝 Wen Ti	黃 初 Hoang-tch'ou	5	11*	29	戊 申 45, Meou-chen	224	12	27	Lat. 34° 43' Long. 112° 28' 河 南 河 南 府 Ho-nan Ho-nan F.	0
,,	明 帝 Ming Ti	太 和 T'ai-houo	5	11	30	戊 戌 35, Meou-siu	232	1	10	,, ,,	3444
,,	,, ,,	,, ,,	6	1	1	戊 辰 5, Meou-tch'en	,,	2	9	,, ,,	0
,,	,, ,,	青 龍 Ts'ing-long	1	5bis	1	庚 寅 27, Keng-yn	233	6	25	,, ,,	3447
,,	少 帝 Chao Ti	正 始 Tcheng-che	1	7	1	戊 申 45, Meou-chen	240	8	5	,, ,,	3463
,,	,, ,,	,, ,,	3	4	1	戊 戌 35, Meou-siu	242	5	17	,, ,,	0
蜀 漢 Chou Han	後 帝 Heou Ti	延 熙 Yen-hi	6	5	1	壬 戌 [0] 59, Jen-siu	243	6	5	Lat. 30° 41' Long. 103° 11' 四 川 成 都 府 Se-tch'oan Tch'eng-tou F.	3470
前 魏 Ts'ien Wei	少 帝 Chao Ti	正 始 Tcheng-che	5	. 4	1	丙 辰 53, Ping-tch'en	244	5	24	Lat. 34° 43' Long. 112° 28' 河 南 河 南 府 Ho-nan Ho-nan F.	3472
,,	,, ,,	,, ,,	6	4	[1] 2	壬 子 49, Jen-tse	245	5	15	,, ,,	
						庚 戌 47, Keng-siu	,,	5	18		3474

DYNASTIE.	EMPEREUR.	RÈGNE.	AN.	LUNE.	JOUR.	SIGNE CYCLIQUE.	AN. ap. J.C.	MOIS SOL.	JOUR.	LIEU.	CAN. OPP.
前 魏 Ts'ien Wei	少 帝 Chao Ti	正 始 Tcheng-che	6	10	1	戊 申 45, Meou-chen	245	11	7	Lat. 34° 43' Long. 112° 28' 河 南 河 南 府 Ho-nan Ho-nan F.	3475
,,	,, ,,	,, ,,	8	2	1	庚 午 7, Keng-ou	247	3	24	,, ,,	3478
,,	,, ,,	,, ,,	9	1	1	乙 未 82, Y-wei	248	2	12	,, ,,	0
,,	,, ,,	嘉 平 Kia-p'ing	1	2	2	己 未 56, Ki-wei	249	3	2	,, ,,	3482
,,	高 貴 師 公 Kao-koei-hiang Kong	甘 露 Kan-lou	4	7	1	戊 子 25, Meou-tse	259	8	6	,, ,,	3506
,,	元 帝 Yuen Ti	景 元 King-yuen	1	1	1	乙 酉 22, Y-yeou	260	1	30	,, ,,	3507
,,	,, ,,	,, ,,	2	5	1	丁 未 44, Ting-wei	261	6	15	,, ,,	3511
,,	,, ,,	,, ,,	3	11	1	己 亥 36, Ki-hai	262	11	29	,, ,,	3514
西 晉 Si Tsin	武 帝 Ou Ti	泰 始 T'ai-che	2	7	30	丙 午 43, Ping-ou	266	9	16	,, ,,	3523
,,	,, ,,	,, ,,	,,	10	1	丙 午 43, Ping-ou	,,	11	15	,, ,,	0
,,	,, ,,	,, ,,	7	10	1	丁 丑 14, Ting-tch'eou	271	11	20	,, ,,	3535
,,	,, ,,	,, ,,	8	10	1	辛 未 8, Sin-wei	272	11	8	,, ,,	3537

DYNASTIE.	EMPEREUR.	RÈGNE.	AN.	LUNE.	JOUR.	SIGNE CYCLIQUE.	AN. ap. J.C.	MOIS SOL.	JOUR.	LIEU.	CAN. OPP.
西 晉 Si Tsin	武 帝 Ou Ti	泰 始 T'ai-che	9	4	1	戊 辰 5, Meou-tch'en	273	5	4	Lat. 34° 43' Long. 112° 28' 河 南 河 南 府 Ho-nan Ho-nan F.	3538
,,	,,	,, ,,	,,	7	1	丁 酉 34, Ting-yeou	,,	8	1	,, ,,	0
,,	,,	,, ,,	10	1	2	乙 未 32, Y-wei	274	1	26	,, ,,	0
,,	,,	,, ,,	,,	3	2	癸 亥 60, Koei-hai	,,	4	24	,, ,,	
						壬 戌 59, Jen-siu	,,	4	23		3540
,,	,,	咸 寧 Hien-ning	1	7	30	甲 申 21, Kia-chen	275	9	7	,, ,,	3543
,,	,,	,, ,,	3	1	1	丙 子 13, Ping-tse	277	2	20	,, ,,	3546
,,	,,	,, ,,	4	1	1	庚 午 7, Keng-ou	278	2	9	,, ,,	3548
,,	,,	太 康 T'ai-k'ang	4	3	[1] 2	辛 丑 38, Sin-tch'eou	283	4	15	,, ,,	
						庚 子 37, Keng-tse	,,	4	14		3560
,,	,,	,, ,,	6	8	1	丙 戌 23, Ping-siu	285	9	16	,, ,,	3565
,,	,,	,, ,,	7	1	1	甲 寅 51, Kia-yn	286	2	11	,, ,,	3566

DYNASTIE.	EMPEREUR.	RÈGNE.	AN.	LUNE.	JOUR.	SIGNE CYCLIQUE.	AN. ap. J.C.	MOIS SOL.	JOUR.	LIEU.	CAN. OPP.
西晉 Si Tsin	武帝 Ou Ti	太康 T'ai-k'ang	8	1	1	戊申 45, Meou-chen	287	1	31	*Lat. 34° 43' Long. 112° 28'* 河南河南府 Ho-nan Ho-nan F.	3568
,,	,, ,,	,, ,,	9	1	1	壬申 9, Jen-chen	288	2	19	,, ,,	0
,,	,, ,,	,, ,,	,,	6	1	庚子 37, Keng-tse	,,	7	16	,, ,,	3571
,,	惠帝 Hoei Ti	元康 Yuen-k'ang	9	11	1	甲子 1, Kia-tse	299	12	10	,, ,,	3596
,,	,, ,,	永康 Yong-k'ang	1	1*	29	辛卯 28, Sin-mao	300	3	6	,, ,,	0
,,	,, ,,	,, ,,	,,	4	1	辛卯 28, Sin-mao	,,	5	5	,, ,,	3597
,,	,, ,,	永寧 Yong-ning	1	3[bis]	1	丙戌 23, Ping-siu	301	4	25	,, ,,	3600
,,	,, ,,	光熙 Koang-hi	1	1	1	戊子 25, Meou-tse	306	1	31	,, ,,	3610
,,	,, ,,	,, ,,	,,	7	1	乙酉 22, Y-yeou	,,	7	27	,, ,,	3611
,,	,, ,,	,, ,,	,,	12	1	壬午 19, Jen-ou	307	1	20	,, ,,	3612
,,	懷帝 Hoai Ti	永嘉 Yong-kia	1	11	[1] 2	戊申 45, Meou-chen	307	12	12	,, ,,	
,,						丁未 *44, Ting-wei*	,,	12	11		*3614*

DYNASTIE.	EMPEREUR.	RÈGNE.	AN.	LUNE.	JOUR.	SIGNE CYCLIQUE.	AN. ap.J.C.	MOIS SOL.	JOUR.	LIEU.	CAN. OPP.
西 晉 Si Tsin	懷 帝 Hoai Ti	永 嘉 Yong-kia	2	1	1	丙 午 43, Ping-ou	308	2	8	*Lat. 34° 43' Long. 112° 28'* 河 南 河 南 府 Ho-nan Ho-nan F.	0
,,	,, ,,	,, ,,	6	2	1	壬 子 49, Jen-tse	312	3	24	,, ,,	3623
,,	愍 帝 Min Ti	建 興 Kien-hing	4	6	1	丁 巳 54, Ting-se	316	7	6	,, ,,	3632
,,	,, ,,	,, ,,	,,	12	1	乙 卯 52, Y-mao	,,	12	31	,, ,,	3633
東 晉 Tong Tsin	元 帝 Yuen Ti	建 武 Kien-ou	1	5	1	壬 午 19, Jen-ou	317	5	27	*Lat. 32° 05' Long. 118° 47'* 江 蘇 江 寧 府 Kiang-souKiang-ningF.(1)	0
,,	,, ,,	,, ,,	,,	11	1	己 酉 46, Ki-yeou	,,	12	20	,, ,,	3635
,,	,, ,,	太 興 T'ai-hing	1	4	1	丁 丑 14, Ting-tch'eou	318	5	17	,, ,,	
						丙 子 *13, Ping-tsc*	,,	5	16		*3636*
,,	明 帝 Ming Ti	太 寧 T'ai-ning	3	11	1	癸 巳 30, Koei-se	325	12	22	,, ,,	3653
,,	成 帝 Tch'eng Ti	咸 和 Hien-houo	2	5	1	甲 申 21, Kia-chen	327	6	6	,, ,,	3656
,,	,, ,,	,, ,,	6	3	1	壬 戌 59, Jen-siu	331	4	24	,, ,,	0

(1) Nan-king.

DYNASTIE.	EMPEREUR.	RÈGNE.	AN.	LUNE.	JOUR.	SIGNE CYCLIQUE.	AN. ap.J.C.	MOIS SOL.	JOUR.	LIEU.	CAN. OPP.
東 晉 Tong Tsin	成 帝 Tch'eng Ti	咸 康 Hien-k'ang	1	10	1	乙 未 32, Y-wei	335	11	2	*Lat. 32° 05' Long. 118° 47'* 江 蘇 江 寧 府 Kiang-souKiang-ningF.(1)	0
,,	,, ,,	,, ,,	7	2	1	甲 子 1, Kia-tse	341	3	4	,, ,,	3687
,,	,, ,,	,, ,,	8	1	1	己 未 56, Ki-wei	342	2	22	,, ,,	
						戊 午 *55, Meou-ou*	,,	*2*	*21*		*3689*
,,	穆 帝 Mou Ti	永 和 Yong-houo	7	1	1	丁 酉 34, Ting-yeou	351	2	13	,, ,,	
						丙 申 *33, Ping-chen*	,,	*2*	*12*		*3709*
,,	,, ,,	,, ,,	8	1	1	辛 卯 28, Sin-mao	352	2	2	,, ,,	3711
,,	,, ,,	,, ,,	12	10	1	癸 巳 30, Koei-se	356	11	9	,, ,,	3722
,,	,, ,,	升 平 Cheng-p'ing	4	8	1	辛 丑 38, Sin-tch'eou	360	8	28	,, ,,	3730
,,	哀 帝 Ngai Ti	隆 和 Long-houo	1	3	[1] 23	甲 寅 51, Kia-yn †	362	5	3	,, ,,	0
,,	,, ,,	,, ,,	,,	12	1	戊 午 55, Meou-ou	363	1	2	,, ,,	3735
,,	海 西 公 Hai-si Kong	太 和 T'ai-houo	3	3	1	丁 巳 54, Ting-se	368	4	4	,, ,,	

4   (1) Nan-king.

DYNASTIE.	EMPEREUR.	RÉGNE.	AN.	LUNE.	JOUR.	SIGNE CYCLIQUE.	AN. ap.J.C.	MOIS SOL.	JOUR.	LIEU.	CAN. OPP.
						丙 辰 53. Ping-tch'en	368	4	3		3747
東 晉 Tong Tsin	海 西 公 Hai-si Kong	大 和 T'ai-houo	5	7	1	癸 酉 10, Koei-yeou	370	8	8	*Lat. 32° 05' Long. 118° 47'* 江 蘇 江 寧 府 Kiang-sou Kiang-ning F.	3752
,,	孝 武 帝 Hiao-ou Ti	寧 康 Ning-k'ang	3	10	1	癸 酉 10, Koei-yeou	375	11	10	,, ,,	3764
,,	,, ,,	太 元 T'ai-yuen	1	11	[1] 0	己 巳 [6, Ki-se] †	376	11-12		,, ,,	0
,,	,, ,,	,, ,,	4	12bis	1	己 酉 46, Ki-yeou	380	1	24	,, ,,	3774
,,	,, ,,	,, ,,	6	6	1	庚 子 37, Keng-tse	381	7	8	,, ,,	3777
,,	,, ,,	,, ,,	9	10	1	辛 亥 48, Sin-hai	384	10	31	,, ,,	3785
,,	,, ,,	,, ,,	17	5	1	丁 卯 4, Ting-mao	392	6	7	,, ,,	3803
,,	,, ,,	,, ,,	20	3	1	庚 辰 17, Keng-tch'en	395	4	6	,, ,,	3810
,,	安 帝 Ngan Ti	隆 安 Long-ngan	4	6	1	庚 辰 17, Keng-tch'en	400	7	8	,, ,,	3821
,,	,, ,,	元 興 Yuen-hing	2	4	1	癸 巳 30, Koei-se	403	5	7	,, ,,	3828
,,	,, ,,	義 熙 Y-hi	3	7	1	戊 戌 35, Meou-siu	407	8	19	,, ,,	3838

DYNASTIE.	EMPEREUR.	RÈGNE.	AN.	LUNE.	JOUR.	SIGNE CYCLIQUE.	AN. ap. J.C.	MOIS SOL.	JOUR.	LIEU.	CAN. OPP.
東 晉 Tong Tsin	安 帝 Ngan Ti	義 熙 Y-hi	10	9	1	丁 巳 54, Ting-se	414	9	30	*Lat. 32° 05' Long. 118° 47'* 江 蘇 江 寧 府 Kiang-sou Kiang-ning F.	3854
,,	,, ,,	,, ,,	11	7	30	辛 亥 48, Sin-hai	413	9	10	,, ,,	3856
北 魏 Pé Wei	明 元 帝 Ming-yuen Ti	神 瑞 Chen-joei	2	8*	29	庚 辰 17, Keng-tch'en	415	10	18	*Lat. 40° 06' Long. 113° 13'* 山 西 大 同 府 Chan-si Ta-t'ong F.	0
東 晉 Tong Tsin	安 帝 Ngan Ti	義 熙 Y-hi	13	1	1	甲 戌 11. Kia-siu	417	2	3	*Lat. 32° 05' Long. 118° 47'* 江 蘇 江 寧 府 Kiang-sou Kiang-ning F.	3860
	恭 帝 Kong Ti	元 熙 Yuen-hi	1	11	1	丁 亥 24, Ting-hai	419	12	3	,, ,,	3866
前 宋 Ts'ien Song	文 帝 Wen Ti	元 嘉 Yuen-kia	1	2	[1] 2	癸 巳 30, Koei-se	424	3	17	,, ,,	
						壬 辰 29, Jen-tch'en	,,	3	16		3876
,,	,, ,,	,, ,,	4	6	1	癸 卯 40, Koei-mao	427	7	10	,, ,,	3883
,,	,, ,,	,, ,,	5	11	1	乙 未 32, Y-wei	428	12	23	,, ,,	
						甲 午 31, Kia-ou	,,	12	22		3886

DYNASTIE.	EMPEREUR.	RÈGNE.	AN.	LUNE.	JOUR.	SIGNE CYCLIQUE.	AN. ap.J.C.	MOIS SOL.	JOUR.	LIEU.	CAN. OPP.
前 宋 Ts'ien Song	文 帝 Wen Ti	元 嘉 Yuen-kia	6	5	1	壬 辰 29, Jen-tch'en	429	6	18	*Lat. 32° 05' Long. 118° 47'* 江 蘇 江 寧 府 Kiang-sou Kiang-ning F.	
						辛 卯 *28, Sin-mao*	,,	*6*	*17*		*3887*
,,	,, ,,	,, ,,	,,	11	1	己 丑 26, Ki-tch'eou	,,	12	12	,, ,,	3888
,,	,, ,,	,, ,,	12	1	1	己 未 56, Ki-wei	435	2	14	,, ,,	3901
北 魏 Pé Wei	太 武 帝 T'ai-ou Ti	太 延 T'ai-yen	3	11	1	乙 卯 壬 申 [52 Y-mao] 9, Jen-chen	437	12	13	*Lat. 40° 06' Long. 113° 13'* 山 西 大 同 府 Chan-si Ta-t'ong F.	3907
前 宋 Ts'ien Song	文 帝 Wen Ti	元 嘉 Yuen-kia	15	11	1	丁 卯 4, Ting-mao	438	12	3	*Lat. 32° 05' Long. 118° 47'* 江 蘇 江 寧 府 Kiang-sou Kiang-ning F.	3909
,,	,, ,,	,, ,,	17	4	1	戊 午 55, Meou-ou	440	5	17	,, ,,	3912
,,	,, ,,	,, ,,	19	7	30	甲 戌 11, Kia-siu	442	9	20	,, ,,	3918
,,	,, ,,	,, ,,	22	6	1	戊 子 25, Meou-tse	445	7	20	,, ,,	3924
,,	,, ,,	,, ,,	23	6	1	癸 未 20, Koei-wei	446	7	10	,, ,,	3926

DYNASTIE.	EMPEREUR.	RÈGNE.	AN.	LUNE.	JOUR.	SIGNE CYCLIQUE.	AN. ap. J.C.	MOIS SOL.	JOUR.	LIEU.	CAN. OPP.
前 宋 Ts'ien Song	文 帝 Wen Ti	元 嘉 Yuen-kia	26	4	1	丙 申 33, Ping-chen	449	5	8	*Lat. 32° 05' Long. 118° 47'* 江 蘇 江 寧 府 Kiang-sou Kiang-ning F.	3032
北 魏 Pé Wei	太 武 帝 T'ai-ou Ti	太 平 眞 君 T'ai-p'ingTchen-kiun	10	6	[1] 0	庚 寅 [27, Keng-yn] †	,,	7-8		*Lat. 40° 06' Long. 113° 13'* 山 西 大 同 府 Chan-si Ta-t'ong F.	0
前 宋 Ts'ien Song	文 帝 Wen Ti	元 嘉 Yuen-kia	30	7	1	辛 丑 38, Sin-tch'eou	453	8	20	*Lat. 32° 05' Long. 118° 47'* 江 蘇 江 寧 府 Kiang-sou Kiang-ning F.	3942
,,	孝 武 帝 Hiao-ou Ti	孝 建 Hiao-kien	1	7	1	丙 申 33, Ping-chen	454	8	10	,, ,,	3944
,,	,, ,,	大 明 Ta-ming	4	9	1	庚 申 57, Keng-chen	460	10	1	,, ,,	
						己 未 *56, Ki-wei*	,,	9	*30*		*3959*
,,	,, ,,	,, ,,	5	9	1	甲 寅 51, Kia-yn	461	9	20	,, ,,	3961
,,	,, ,,	,, ,,	6	2	1	壬 子 49, Jen-tse	462	3	17	,, ,,	3962
,,	明 帝 Ming Ti	泰 始 T'ai-che	3	10	1	己 卯 16, Ki-mao	467	11	13	,, ,,	3975
,,	,, ,,	,, ,,	4	4	1	丙 子 13, Ping-tse	468	5	8	,, ,,	3976

DYNASTIE.	EMPEREUR.	RÈGNE.	AN.	LUNE.	JOUR.	SIGNE CYCLIQUE.	AN. ap.J.C.	MOIS SOL.	JOUR.	LIEU.	CAN. OPP.
前 宋 Ts'ien Song	明 帝 Ming Ti	泰 始 T'ai-che	4	8	[1] 3	丙 子 13, Ping-tse	468	9	5	Lat. 32° 05' Long. 118° 47' 江 蘇 江 寧 府 Kiang-sou Kiang-ning F.	0
,,	,, ,,	,, ,,	,,	10	1	癸 酉 10, Koei-yeou	,.	11	1	,, ,,	3977
,,	,, ,,	,, ,,	5	10	1	丁 卯 4, Ting-mao	469	10	21	,, ,,	3079
北 魏 Pé wei	孝 文 帝 Hiao-wen Ti	延 興 Yen-hing	1	12	19	癸 卯 40, Koei-mao †	472	1	15	Lat. 40° 06' Long. 113° 13' 山 西 大 同 府 Chan-si Ta-t'ong F.	0
前 宋 Ts'ien Song	蒼 梧 王 Ts'ang-ou Wang	元 徽 Yuen-hoei	1	12	1	癸 卯 40, Koei-moo	474	1	4	Lat. 32° 05' Long. 118° 47' 江 蘇 江 寧 府 Kiang-sou Kiang-ning F.	3990
北 魏 Pé wei	孝 文 帝 Hiao-wen Ti	延 興 Yen-hing	4	1	1	癸 酉 10, Koei-yeou	,,	2	3	Lat. 34° 43' Long. 112° 28' 河 南 河 南 府 Ho-nan Ho-nan F.	
						壬 申 9. Jen-chen	,,	2	2		3991
,,	,, ,,	太 和 T'ai-houo	1	10	1	辛 亥 48, Sin-hai	477	10	23	,, ,,	
						庚 戌 47, Keng-siu	,,	10	22		4000

DYNASTIE.	EMPEREUR.	RÈGNE.	AN.	LUNE.	JOUR.	SIGNE CYCLIQUE.	AN. ap.J.C.	MOIS SOL.	JOUR.	LIEU.	CAN. OPP.
前 宋 Ts'ien Song	順 帝 Choen Ti	昇 明 Cheng-miug	2	3	[1] 2	己 酉 46, Ki-yeou	478	4	19	Lat. 32° 03' Long. 118° 47' 江 蘇 江 寧 府 Kiang-sou Kiang-ning F.	
"	" "	" "	"			戊 申 45, Meou-chen	"	4	18		4001
"	" "	" "	"	9	1	乙 巳 42, Y-se	"	10	12	" "	
"	" "	" "	"			甲 辰 41, Kia-tch'en	"	10	11		4002
南 齊 Nan Ts'i	高 帝 Kao Ti	建 元 Kien-yuen	1	3	1	癸 卯 40, Koei-mao	479	4	8	" "	4003
"	" "	" "	2	9	1	甲 午 31, Kia-ou	480	9	20	" "	4006
"	" "	" "	3	7	1	己 未 56, Ki-wei	481	8	11	" "	4008
"	武 帝 Ou Ti	永 明 Yong-ming	1	12	1	乙 巳 42, Y-se	484	1	14	" "	4014
"	" "	" "	6	[2] 3	[1] 2	辛 亥 辛 巳 [48, Sin-hia] 18, Sin-se	488	3	29	" "	4023
北 魏 Pé wei	孝 文 帝 Hiao-wen Ti	太 和 T'ai-houo	13	2	1	乙 亥 12, Y-hai	489	3	18	Lat. 34° 43' Long. 112° 28' 河 南 河 南 府 Ho-nan Ho-nan F.	4027
"	" "	" "	14	2	1	己 巳 6, Ki-se	490	3	7	" "	4020

DYNASTIE.	EMPEREUR.	RÈGNE.	AN.	LUNE.	JOUR.	SIGNE CYCLIQUE.	AN. ap.J.C.	MOIS SOL.	JOUR.	LIEU.	CAN. OPP.
南 齊 Nan Ts'i	武 帝 Ou Ti	永 明 Yong-ming	9	1	30	癸 亥 60, Koei-hai	491	2	24	Lat. 32° 05' Long. 118° 47' 江 蘇 江 寧 府 Kiang-sou Kiang-ning F.	4031
,,	,, ,,	,, ,,	10	[10] 9	[1] 30	癸 未 20, Koei-wei	492	11	5	,, ,,	0
,,	,, ,,	,, ,,	11	6	1	戊 辰 庚 辰 [5, Meou-tch'en]17, Keng-[tch'en]	493	6	30	,, ,,	
						己 卯 10, Ki-mao	,,	6	29		4037
,,	明 帝 Ming Ti	建 武 Kien-ou	1	5	1	甲 戌 11, Kia-siu	494	6	19	,, ,,	4039
,,	,, ,,	,, ,,	,,	11	[1] 2	壬 申 9, Jen-chen	,,	12	14	,, ,,	4040
,,	,, ,,	,, ,,	3	9	30	庚 寅 27, Keng-yn	496	10	22	,, ,,	4045
,,	東 昏 侯 Tong-hoen Heou	永 元 Yong-yuen	1	1	[1] 19	丙 申 33, Ping-chen †	499	2	15	,, ,,	0
,,	,, ,,	,, ,,	2	1	1	辛 丑 38, Sin-tch'cou	500	2	15	,, ,,	4054
,,	,, ,,	,, ,,	,,	7	1	己 亥 36, Ki-hai	,,	8	11	,, ,,	
						戊 戌 35, Meou-siu	,,	8	10		4055

DYNASTIE.	EMPEREUR.	RÈGNE.	AN.	LUNE.	JOUR.	SIGNE CYCLIQUE.	AN. ap.J.C.	MOIS SOL.	JOUR.	LIEU.	CAN. OPP.
南 齊 Nan Ts'i	和 帝 Houo Ti	中 興 Tchong-hing	1	1	1	丙 寅　丙 申 [3, Ping-yn] 33, Ping-chen	501	2	4	Lat. 32° 05' Long: 118° 47' 江 蘇 江 寧 府 Kiang-sou Kiang-ning F.	
						乙 未 32. Y-wei	,,	2	3		4056
,,	,,　,,	,,　,,	1	7	1	癸 巳 30, Koei-se	501	7	31	,,　　,,	4057
南 梁 Nan Liang	武 帝 Ou Ti	天 監 T'ien-kien	1	[7] 6	1	丁 巳　丁 亥 [54, Ting-se] 24, Ting-hai	502	7	20	,,　　,,	4059
,,	,,　,,	,,　,,	5	3	1	丙 寅 3, Ping-yn	506	4	9	,,　　,,	4067
,,	,,　,,	,,　,,	6	3	1	庚 申 57, Keng-chen	507	3	29	,,　　,,	4071
,,	,,　,,	,,　,,	7	8	1	壬 子 49, Jen-tse	508	9	11	,,　　,,	4074
,,	,,　,,	,,　,,	8	8	1	丙 午 43, Ping-ou	509	8	31	,,　　,,	4076
,,	,,　,,	,,　,,	10	12	1	壬 戌 59, Jen-siu	512	1	4	,,　　,,	
						癸 亥 60, Koei-hai	,,	1	5		4082
,,	,,　,,	,,　,,	11	5	30	己 未 56, Ki-wei	512	6	29	,,　　,,	4083
,,	,,　,,	,,　,,	12	5	1	甲 寅 51, Kia-yn	513	6	19	,,　.....　,,	4086

5

DYNASTIE.	EMPEREUR.	RÈGNE.	AN.	LUNE.	JOUR.	SIGNE CYCLIQUE.	AN. ap. J.C.	MOIS SOL.	JOUR.	LIEU.	CAN. OPP.
南 梁 Nan Liang	武 帝 Ou Ti	天 監 T'ien-kien	15	3	1	戊 辰 5, Meou-tch'en	516	4	18	Lat. 32° 05' Long. 118° 47' 江 蘇 江 寧 府 Kiang-sou Kiang-ning F.	4092
,,	,, ,,	,, ,,	18	1	1	辛 巳 18, Sin-se	519	2	15	,, ,,	4100
,,	,, · ,,	普 通 P'ou-t'ong	1	1	2	丙 子 13, Ping-tse	520	2	5	,, ,,	4102
,,	,, ,,	,, ,,	2	5	[1] 30	丁 酉 34, Ting-yeou	521	6	20	,, ,,	4105
,,	,, ,,	,, ,,	3	5	1	壬 辰 29, Jen-tch'en	522	6	10	,, ,,	4107
,,	,, ,,	,, ,,	,,	11	1	己 丑 26, Ki-tch'eou	,,	12	4	,, ,,	4108
,,	,, ,,	· ,, ,,	4	11	1	癸 未 20, Koei-wei	523	11	23	,, ,,	4110
,,	,, ,,	中 大 通 Tchong-ta-t'ong	1	10	1	己 酉 46, Ki-yeou	529	11	17	,, ,,	0
,,	,, ,,	,, ,,	3	6	1	己 亥 36, Ki-hai	531	6	30	,, ,,	4130
,,	,, ,,	,, ,,	4	10	1	辛 酉 58, Sin-yeou	532	11	13	,, ,,	4133
,,	,, ,,	,, ,,	5	4	1	己 未 56, Ki-wei	533	5	10	,, ,,	4134
,,	,, ,,	,, ,,	6	4	1	癸 丑 50, Koei-tch'eou	534	4	29	,, ,,	4136

DYNASTIE.	EMPEREUR.	RÈGNE.	AN.	LUNE.	JOUR.	SIGNE CYCLIQUE.	AN. ap. J.C.	MOIS SOL.	JOUR.	LIEU.	CAN. OPP.
南 梁 Nan Liang	武 帝 Ou Ti	大 同 Ta-t'ong	4	1	1	辛 酉 58, Sin-yeou	538	2	15	*Lat. 32° 05' Long. 118° 47'* 江 蘇 江 寧 府 Kiang-sou Kiang-ning F.	4146
,,	,, ,,	,, ,,	6	5bis	1	丁 丑 14, Ting-tch'eou	540	6	20	,, ,,	4152
,,	,, ,,	太 清 T'ai-ts'ing	1	1	1	已 亥 36, Ki-hai	547	2	6	,, ,,	4170
東 魏 Tong Wei	孝 靜 帝 Hiao-tsing Ti	武 定 Ou-ting	6	7	1	庚 寅 27, Keng-yn	548	7	21	*Lat. 36° 07' Long. 114° 30'* 河 南 彰 德 府 Ho-nan Tchang-té F.	
						已 丑 *26, Ki-tch'eou*	,,	7	20		4173
陳 Tch'en	武 帝 Ou Ti	永 定 Yong-ting	3	5	[1] 30	丙 辰 53, Ping-tch'en	559	6	20	*Lat. 32° 05' Long. 118° 47'* 江 蘇 江 寧 府 Kiang-sou Kiang-ning F.	
						丁 巳 *54, Ting-se*	,,	6	21		4201
,,	文 帝 Wen Ti	天 嘉 T'ien-kia	2	4	1	丙 子 13, Ping-tse	561	4	30	,, ,,	4206
,,	,, ,,	,, ,,	,,	10	[1] 2	甲 戌 11, Kia-siu	,,	10	25	,, ,,	
						癸 酉 *10, Koei-yeou*	,,	10	24		4207

DYNASTIE.	EMPEREUR.	RÈGNE.	AN.	LUNE.	JOUR.	SIGNE CYCLIQUE.	AN. ap.J.C.	MOIS SOL.	JOUR.	LIEU.	CAN. OPP.
陳 Tch'en	文 帝 Wen Ti	天 嘉 T'ien-kia	3	9	1	戊 辰 5, Meou-tch'en	562	10	14	*Lat. 32° 05' Long. 118° 47'* 江 蘇 江 寧 府 Kiang-sou Kiang-ning F.	4209
,,	,, ,,	,, ,,	4	3	1	乙 丑 2, Y-tch'eou	563	4	9	,, ,,	
						甲 子 *1, Kia-tse*	,,	*4*	*8*		*4210*
,,	,, ,,	,, ,,	5	2	1	庚 寅 27, Keng-yn	564	2	28	,, ,,	4212
,,	,, ,,	,, ,,	,,	8	1	丁 亥 24, Ting-hai	,,	8	23	,, ,,	
						丙 戌 *23, Ping-siu*	,,	*8*	*22*		*4214*
,,	,, ,,	,, ,,	6	7	1	辛 巳 18, Sin-se	565	8	12	,, ,,	
						庚 辰 *17, Keng-tch'en*	,,	*8*	*11*		*4217*
,,	,, ,,	天 康 T'ien-k'ang	1	1	1	己 卯 16, Ki-mao	566	2	6	,, ,,	*4218*
,,	臨 海 王 Ling-hai Wang	光 大 Koang-ta	1	1	1	癸 酉 10, Koei-yeou	567	1	26	,, ,,	4220
,,	,, ,,	,, ,,	,,	11	1	戊 戌 35, Meou-siu	,,	12	17	,, ,,	
						丁 酉 *34, Ting-yeou*	,,	*12*	*16*		*4222*

DYNASTIE.	EMPEREUR.	RÈGNE.	AN.	LUNE.	JOUR.	SIGNE CYCLIQUE.	AN. ap.J.C.	MOIS SOL.	JOUR.	LIEU.	CAN. OPP.
陳 Tch'en	臨 海 王 Ling-hai Wang	光 大 Koang-ta	2	11	1	壬 辰 29, Jen-tch'en	508	12	5	*Lat. 32° 05' Long. 118° 47'* 江 蘇 江 寧 府 Kiang-sou Kiang-ning F.	
						辛 卯 *28, Sin-mao*	,,	*12*	*4*		*4225*
,,	宣 帝 Siuen Ti	太 建 T'ai-kien	2	10	1	辛 巳 18, Sin-se	570	11	14	,, ,,	
						庚 辰 *17, Keng-tch'en*	,,	*11*	*13*		*4229*
,,	,, ,,	,, ,,	3	4	1	戊 寅 15, Meou-yn	571	5	10	,, ,,	
						丁 丑 *14.. Ting-tch'eou*	,,	*5*	*9*		*4231*
,,	,, ,,	,, ,,	,,	9	1	庚 子 丙 午 [37, Keng-tse] 43, Ping-ou	,,	10	5	,, ,,	
						乙 巳 *42, Y-se*	,,	*10*	*4*		*4232*
,,	,, ,,	,, ,,	4	3	1	癸 卯 40, Koei-mao	572	3	30	,, ,,	
						壬 寅 *39, Jen-yn*	,,	*3*	*29*		*4234*
,,	,, ,,	,, ,,	,,	9	1	庚 子 37, Keng-tse	,,	9	23	,, ,,	*4235*
,,	,, ,,	,, ,,	6	2	[1] 2	壬 辰 29, Jen-tch'en	574	3	9	,, ,,	*4238*

DYNASTIE.	EMPEREUR.	RÈGNE.	AN.	LUNE.	JOUR.	SIGNE CYCLIQUE.	AN. ap.J.C.	MOIS SOL.	JOUR.	LIEU.	CAN. OPP.
陳 Tch'en	宣 帝 Siuen Ti	太 建 T'ai-kien	7	2	1	丙 戌 23, Ping-siu	575	2	26	*Lat. 32° 05' Long. 118° 47'* 江 蘇 江 寧 府 Kiang-sou Kiang-ning F.	4241
,,	,, ,,	,, ,,	,,	12	1	辛 亥 48, Sin-hai	576	1	17	,, ,,	4244
,,	,, ,,	,, ,,	8	6	1	戊 申 45, Meou-chen	,,	7	12	,, ,,	
						丁 未 *44, Ting-wei*	,,	7	11		4245
,,	,, ,,	,, ,,	9	[11*]12	[29] 1	己 亥 36, Ki-hai	577	12	25	,, ,,	4248
北 周 Pé Tcheou	靜 帝 Tsing Ti	大 象 Ta-siang	1	4	1	壬 戌 59, Jen-siu (1)	579	5	12	*Lat. 34° 17' Long. 108° 58'* 陝 西 西 安 府 Chen-si Si-ngan F.	
						辛 酉 *58, Sin-yeou*	,,	5	11		4252
陳 Tch'en	宣 帝 Siuen Ti	太 建 T'ai-kien	12	10	1	甲 寅 51, Kia-yn	580	10	25	*Lat. 32° 05' Long. 118° 47'* 江 蘇 江 寧 府 Kiang-sou Kiang-ning F.	
						癸 丑 *50, Koei-tch'eou*	,,	10	24		4255
,,	後 主 Heou-tchou	至 德 Tche-té	1	2	1	己 巳 6, Ki-se	583	2	27	,, ,,	
						庚 午 *7, Keng-ou*	,,	2	28		4262

(1) Cette éclipse annoncée n'eut pas lieu.

DYNASTIE.	EMPEREUR.	RÈGNE.	AN.	LUNE.	JOUR.	SIGNE CYCLIQUE.	AN. ap.J.C.	MOIS SOL.	JOUR.	LIEU.	CAN. OPP.
陳 Tch'en	後主 Heou-tchou	至德 Tche-té	1	8	1	丁卯 4, Ting-mao	583	8	24	Lat. 32° 05' Long. 118° 47' 江蘇江寧府 Kiang-sou Kiang-ning F.	
						丙寅 3, Ping-yn	,,	8	23		4263
,,	,, ,,	,, ,,	2	1	1	甲子 1, Kia-tse	584	2	17	,, ,,	4264
,,	,, ,,	,, ,,	3	1	1	戊午 55, Meou-ou	585	2	5	,, ,,	4266
,,	,, ,,	禎明 Tchen-ming	1	5	[1] 2	乙亥 12, Y-hai	587	6	12	,, ,,	4273
隋 Soei	文帝 Wen Ti	開皇 K'ai-hoang	11	2	29	辛巳 18, Sin-se	591	3	29	Lat. 34° 17' Long. 108° 58' 陝西西安府 Chen-si Si-ngan F.	
						壬午 19, Jen-ou	,,	3	30		4282
,,	,, ,,	,, ,,	12	7*	28	壬申 9, Jen-chen	592	9	10	,, ,,	
						癸酉 10, Koei-yeou	,,	9	11		4285
,,	,, ,,	,, ,,	13	7	30	戊辰 5, Meou-tch'en	593	9	1	,, ,,	
						丁卯 4, Ting-mao	,,	8	31		4289

DYNASTIE.	EMPEREUR.	RÈGNE.	AN.	LUNE.	JOUR.	SIGNE CYCLIQUE.	AN. ap. J.C.	MOIS SOL.	JOUR.	LIEU.	CAN. OPP.
隋 Soei	文 帝 Wen Ti	仁 壽 Jen-cheou	1	2	1	乙 卯 52, Y-mao	601	3	10	*Lat. 34° 17' Long. 108° 58'* 陝 西 西 安 府 Chen-si Si-ngan F.	4307
,,	煬 帝 Yang Ti	大 業 Ta-yé	12	5	1	丙 戌 23, Ping-siu	616	5	21	*Lat. 34° 43' Long. 112° 28'* 河 南 河 南 府 Ho-nan Ho-nan F.	4345
唐 T'ang	高 祖 Kao Tsou	武 德 Ou-té	1	10	1	壬 申 9, Jen-chen	618	10	24	*Lat. 34° 17' Long. 108° 58'* 陝 西 西 安 府 Chen-si Si-ngan F.	4351
,,	,, ,,	,, ,,	4	8	1	丙 戌 23, Ping-siu	621	8	23	,, ,,	
,,						乙 酉 22, Y-yeou	,,	8	22		4357
,,	,, ,,	,, ,,	6	12	1	壬 寅 39, Jen-yn	623	12	27	,, ,,	4364
,,	,, ,,	,, ,,	9	10	1	丙 辰 53, Ping-tch'en	626	10	26	,, ,,	4371
,,	太 宗 T'ai Tsong	貞 觀 Tchen-koan	1	3bis	1	癸 丑 50, Koei-tch'eou	627	4	21	,, ,,	4372
,,	,, ,,	,, ,,	,,	9	1	庚 戌 47, Keng-siu	,,	10	15	,, ,,	4373
,,	,, ,,	,, ,,	2	3	1	戊 申 45, Meou-chen	628	4	10	,, ,,	4374

DYNASTIE.	EMPEREUR.	RÉGNE.	AN.	LUNE.	JOUR.	SIGNE CYCLIQUE.	AN. ap.J.C.	MOIS SOL.	JOUR.	LIEU.	CAN. OPP.
										Lat. 34° 17' Long. 108° 58ʰ	
唐 T'ang	太 宗 T'ai Tsong	貞 觀 Tchen-koan	3	8	1	己 巳 6, Ki-se	629	8	24	陝 西 西 安 府 Chen-si Si-ngan F.	4378
,,	,, ,,	,, ,,	4	1	1	丁 卯 4, Ting-mao	630	2	18	,, ,,	4380
,,	,, ,,	,, ,,	,,	7	1	甲 子 1, Kia-tse	,,	8	14	,, ,,	
						癸 亥 *60, Koei-hai*	,,	*8*	*13*		*4381*
,,	,, ,,	,, ,,	6	1	1	乙 卯 52, Y-mao	632	1	27	,, ,,	4384
,,	,, ,,	,, ,,	8	5	1	辛 未 8, Sin-wei	634	6	1	,, ,,	4390
,,	,, ,,	,, ,,	9	4ᵇⁱˢ	1	丙 寅 3, Ping-yn	635	5	22	,, ,,	
						乙 丑 *2, Y-tch'eou*	,,	*5*	*21*		*4392*
,,	,, ,,	,, ,,	11	3	1	丙 戌 23, Ping-siu	637	4	1	,, ,,	4397
,,	,, ,,	,, ,,	12	2ᵇⁱˢ	1	庚 辰 17, Keng-tch'en	638	3	21	,, ,,	4399
,,	,, ,,	,, ,,	13	8	1	辛 未 8, Sin-wei	639	9	3	,, ,,	4402

6

DYNASTIE.	EMPEREUR.	RÈGNE.	AN.	LUNE.	JOUR.	SIGNE CYCLIQUE.	AN. ap.J.C.	MOIS SOL.	JOUR.	LIEU.	CAN. OPP.
唐 T'ang	太 宗 T'ai Tsong	貞 觀 Tchen-koan	17	6	1	己 卯 16, Ki-mao	643	6	22	*Lat. 34° 17' Long. 108° 58'* 陝 西 四 安 府 Chen-si Si-ngan F.	
.						戊 寅 *15, Meou-yn*	,,	*6*	*21*		*4412*
,,	,, ,,	,, ,,	18	10	1	辛 丑 38, Sin-tch'eou	644	11	5	,, ,,	4410
,,	,, ,,	,, ,,	20	3bis	1	癸 巳 30, Koei-se	646	4	21	,, ,,	4419
,,	,, ,,	,, , ,,	22	8	1	己 酉 46, Ki-yeou	648	8	24	,, ,,	4426
,,	高 宗 Kao Tsong	顯 慶 Hien-k'ing	5	6	1	庚 午 7, Keng-ou	660	7	13	,, ,,	4456
,,	,, ,,	龍 朔 Long-cho	1	5	30	甲 子 1, Kia-tse	661	7	2	,, ,,	4458
,,	,, ,,	麟 德 Lin-té	2	3bis	[1] 2	癸 酉 10, Koei-yeou	665	4	21	,, ,,	4468
,,	,, ,,	乾 封 K'ien-fong	2	8	1	己 丑 26, Ki-tch'eou	667	8	25	,, ,,	4474
,,	,, ,,	總 章 Tsong-tchang	2	6	1	戊 申 45, Meou-chen	669	7	4	,, ,,	
						丁 未 *44, Ting-wei*	,,	*7*	*3*		*4479*
,,	,, ,,	咸 亨 Hien-heng	1	6	1	壬 寅 39, Jen-yn	670	6	23	,, ,,	4482

DYNASTIE.	EMPEREUR.	RÈGNE.	AN.	LUNE.	JOUR.	SIGNE CYCLIQUE.	AN. ap. J.C.	MOIS SOL.	JOUR.	LIEU.	CAN. OPP.
唐 T'ang	高 宗 Kao Tsong	咸 亨 Hien-heng	2	11	1	甲 午 31, Kia-ou	671	12	7	Lat. 34° 17' Long. 108°,58' 陝 西 西 安 府 Chen-si Si-ngan F.	4485
,,	,, ,,	,, ,,	3	11	1	戊 子 25, Meou-tse	672	11	25	,, ,,	4487
,,	,, ,,	上 元 Chang-yuen	1	3	1	辛 亥 48, Sin-hai	674	4	12	,, ,,	4490
,,	,, ,,	,, ,,	2	9	1	壬 寅 39, Jen-yn	675	9	25	,, ,,	
						辛 丑 38, Sin-tch'eou	,,	9	24		4493
,,	,, ,,	永 隆 Yong-long	1	4	1	乙 巳 42, Y-se	680	5	4	,, ,,	0
,,	,, ,,	,, ,,	,,	11	1	壬 申 9, Jen-chen	,,	11	27	,, ,,	4508
,,	,, ,,	開 耀 K'ai-yao	1	10	1	丙 寅 3, Ping-yn	681	11	16	,, ,,	4510
,,	,, ,,	永 淳 Yong-choen	1	4	1	甲 子 1, Kia-tse	682	5	13	,, ,,	
						癸 亥 60. Koei-hai	,,	5	12		4511
,,	,, ,,	,, ,,	,,	10	1	庚 申 57, Keng-chen	,,	11	5	,, ,,	4512
,,	武 后 Ou Heou	垂 拱 Tch'oei-kong	2	2	1	辛 未 8, Sin-wei	686	2	28	,, ,,	4520

DYNASTIE.	EMPEREUR.	RÈGNE.	AN.	LUNE.	JOUR.	SIGNE CYCLIQUE.	AN. ap.J.C.	MOIS SOL.	JOUR.	LIEU.	CAN. OPP.
唐 T'ang	武后 Ou Heou	垂拱 Tch'oei-kong	4	6	1	丁亥 24, Ting-hai	688	7	3	*Lat. 34°17' Long. 108°58'* 陝西西安府 Chen-si Si-ngan F.	4527
,,	,, ,,	天授 T'ien-cheou	2	4	1	壬寅 39, Jen-yn	691	5	4	,, ,,	
						辛丑 *38, Sin-tch'eou*	,,	5	3	.. ..	4533
,,	,, ,,	長壽 Tch'ang-cheou	1	4	1	丙申 33, Ping-chen	692	4	22	,, ,,	4535
,,	,, ,,	,, ,,	2	9	1	丁亥 24, Ting-hai	693	10	5	,, ,,	4538
,,	,, ,,	延載 Yen-tsai	1	9	1	壬午 19, Jen-ou	694	9	25	,, ,,	
						辛巳 *18, Sin-se*	,,	9	24		4541
,,	,, ,,	天册萬歳 T'ien-tch'é-wan-soei	1	2	1	己酉 46, Ki-yeou	695	2	19	,, ,,	4542
,,	,, ,,	久視 Kieou-che	1	5	1	己酉 46, Ki-yeou	700	5	23	,, ,,	4555
,,	,, ,,	長安 Tch'ang-ngan	2	9	1	乙丑 2, Y-tch'eou	702	9	26	,, ,,	4561
,,	,, ,,	,, ,,	3	3	1	壬戌 59, Jen-siu	703	3	22	,, ,,	4562
,,	,, ,,	,, ,,	,,	9	[1] 2	庚寅 27, Keng-yn	,,	10	16	,, ,,	0

DYNASTIE.	EMPEREUR.	RÈGNE.	AN.	LUNE.	JOUR.	SIGNE CYCLIQUE.	AN. ap.J.C.	MOIS SOL.	JOUR.	LIEU.		CAN. OPP.
唐 T'ang	中 宗 Tchong Tsong	景 龍 King-long	1	6	1	丁 卯 4, Ting-mao	707	7	4	*Lat. 34° 17' Long. 108° 58'* 陝 西 西 安 府 Chen-si Si-ngan F.		4573
,,	,, ,,	,, ,,	,,	12	1	乙 丑 2, Y-tch'eou	,,	12	29	,,	,,	4574
,,	玄 宗 Hiuen Tsong	先 天 Sien-t'ien	1	9	1	丁 卯 4, Ting-mao	712	10	5	,,	,,	4585
,,	,, ,,	開 元 K'ai-yuen	2	2	[1] 2	庚 寅 27, Keng-yn (1)	714	2	20	,,	,,	
,,						己 丑 *26, Ki-tch'eou*	,,	*2*	*19*			*4588*
,,	,, ,,	,, ,,	3	7	1	庚 辰 17, Keng-tch'en	715	8	4	,,	,,	4591
,,	,, ,,	,, ,,	7	5	1	己 丑 26, Ki-tch'eou	719	5	24	,,	,,	4601
,,	,, ,,	,, ,,	9	9	1	乙 巳 42, Y-se	721	9	26	,,	,,	4607
,,	,, ,,	,, ,,	12	12bis	1	丙 辰 53, Ping-tch'en	725	1	19	,,	,,	4615
,,	,, ,,	,, ,,	17	10	1	戊 午 55, Meou-ou	729	10	27	,,	,,	4626
,,	,, ,,	,, ,,	20	2	1	甲 戌 11, Kia-siu	732	3	1	,,	,,	4631
,,	,, ,,	,, ,,	,,	8	1	辛 未 8, Sin-wei	,,	8	25	,,	,,	4632

(1) Cette éclipse annoncée n'eut pas lieu.

DYNASTIE.	EMPEREUR.	RÈGNE.	AN.	LUNE.	JOUR.	SIGNE CYCLIQUE.	AN. ap.J.C.	MOIS SOL.	JOUR.	LIEU.	CAN. OPP.
唐 T'âng	玄 宗 Hiuen Tsong	開 元 K'ai-yuen	21	7	1	乙 丑 2, Y-tch'eou	733	8	14	Lat. 34° 17' Long. 108° 58' 陝 西 西 安 府 Chen-si Si-ngan F.	4634
,,	,, ,,	,, ,,	22	12	1	戊 子 25, Meou-tse	734	12	30	,, ,,	4639
,,	,, ,,	,, ,,	23	11bis	1	壬 午 19, Jen-ou	735	12	19	,, ,,	4641
,,	,, ,,	,, ,,	26	9	1	丙 申 33, Ping-chen	738	10	18	,, ,,	4648
,,	,, ,,	,, ,,	28	3	1	丁 亥 24, Ting-hai	740	4	1	,, ,,	4651
,,	,, ,,	天 寶 T'ien-pao	1	7	1	癸 卯 40, Koei-mao	742	8	5	,, ,,	4657
,,	,, ,,	,, ,,	5	5	1	壬 子 49, Jen-tse	746	5	25	,, ,,	4666
,,	,, ,,	,, ,,	18	6	1	乙 丑 2, Y-tch'eou	754	6	25	,, ,,	4685
,,	肅 宗 Sou Tsong	至 德 Tche-té	1	10	1	辛 巳 18, Sin-se	756	10	28	,, ,,	4690
,,	,, ,,	上 元 Chang-yuen	2	7	1	癸 未 20, Koei-wei	761	8	5	,, ,,	4701
,,	代 宗 Tai Tsong	大 曆 Ta-li	3	3	1	乙 巳 42, Y-se	768	3	23	,, ,,	4716
,,	,, ,,	,, ,,	10	10	1	辛 酉 58, Sin-yeou	775	10	29	,, ,,	4734

DYNASTIE.	EMPEREUR.	RÈGNE.	AN.	LUNE.	JOUR.	SIGNE CYCLIQUE.	AN. ap.J.C.	MOIS SOL.	JOUR.	LIEU.	CAN. OPP.
唐 T'ang	代 宗 Tai Tsong	大 曆 Ta-li	14	7	1	戊 辰 5, Meou-tch'en	779	8	16	Lat. 34° 17' Long. 108° 58' 陝 西 西 安 府 Chen-si Si-ngan F.	4743
,,	,, ,,	,, ,,	,,	12	30	丙 寅 3, Ping-yn	780	2	10	,, ,,	4744
,,	德 宗 Té Tsong	貞 元 Tcheng-yuen	3	8	1	辛 巳 18, Sin-se	787	9	16	,, ,,	4761
,,	,, ,,	,, ,,	5	1	1	甲 辰 41, Kia-tch'en	789	1	31	,, ,,	4765
,,	,, ,,	,, ,,	6	1	1	戊 戌 35, Meou-siu (1)	790	1	20	,, ,,	4767
,,	,, ,,	,, ,,	7	6	1	庚 寅 27, Keng-yn	791	7	6	,, ,,	4770
,,	,, ,,	,, ,,	8	11	1	壬 子 49, Jen-tse	792	11	19	,, ,,	4774
,,	,, ,,	,, ,,	10	4	1	癸 卯 40, Koei-mao	794	5	4	,, ,,	4777
,,	,, ,,	,, ,,	12	8	1	己 未 56, Ki-wei	796	9	6	,, ,,	4782
,,	,, ,,	,, ,,	17	5	1	壬 戌 59, Jen siu	801	6	15	,, ,,	4793
,,	憲 宗 Hien Tsong	元 和 Yuen-houo	3	7	1	辛 巳 18, Sin-se	808	7	27	,, ,,	4809
,,	,, ,,	,, ,,	10	8	1	己 亥 36, Ki-hai	815	9	7	,, ,,	4825

(1) Cette éclipse annoncée n'eut pas lieu.

DYNASTIE.	EMPEREUR.	RÈGNE.	AN.	LUNE.	JOUR.	SIGNE CYCLIQUE.	AN. ap. J.C.	MOIS SOL.	JOUR.	LIEU.	CAN. OPP.
										Lat. 34° 17' Long. 108° 58'	
唐 T'ang	憲 宗 Hien Tsong	元 和 Yuen-houo	13	6	1	癸 丑 50, Koei-tch'eou	818	7	7	陝 西 酉 安 府 Chen-si Si-ngan F.	4832
,,	穆 宗 Mou Tsong	長 慶 Tch'ang-k'ing	2	4	1	辛 酉 58, Sin-yeou	822	4	25	,, ,,	4841
,,	,, ,,	,, ,,	3	0	1	壬 子 49, Jen-tse	823	10	8	,, ,,	4844
,,	文 宗 Wen Tsong	太 和 T'ai-houo	8	2	1	壬 午 19, Jen-ou	834	3	14	,, ,,	4867
,,	,, ,,	開 成 K'ai-tch'eng	1	1	1	辛 丑 38, Sin-tch'eou	836	1	22	,, ,,	
						庚 子 *37, Keng-tse*	,,	*1*	*21*		*4871*
,,	武 宗 Ou Tsong	會 昌 Hoei-tch'ang	3	2	1	庚 申 57, Keng-chen	843	3	5	,, ,,	4887
,,	,, ,,	,, ,,	4	2	1	甲 寅 51, Kia-yn	844	2	22	,, ,,	4889
,,	,, ,,	,, ,,	5	7	1	丙 午 43, Ping-ou	845	8	7	,, ,,	4892
,,	,, ,,	,, ,,	6	12	1	戊 辰 5, Meou-tch'en	846	12	22	,, ,,	4896
,,	宣 宗 Siuen Tsong	大 中 Ta-tchong	2	5	1	已 未 56, Ki-wei	848	6	5	,, ,,	4899
,,	,, ,,	,, ,,	8	1	1	丙 戌 23, Ping-siu	854	2	1	,, ,,	4912

DYNASTIE.	EMPEREUR.	RÈGNE.	AN.	LUNE.	JOUR.	SIGNE CYCLIQUE.	AN. ap.J.C.	MOIS SOL.	JOUR.	LIEU.	CAN, OPP.
唐 T'ang	懿 宗 Y Tsong	咸 通 Hien-t'ong	4	7	1	辛 卯 28, Sin-mao	863	8	18	Lat. 34° 17' Long. 108° 58' 陝 西 西 安 府 Chen-si Si-ngan F.	4933
,,	僖 宗 Hi Tsong	乾 符 K'ien-fou	3	9	1	乙 亥 12, Y-hai	876	9	22	,, ,,	0
,,	,, ,,	,, ,,	4	4	1	壬 申 9, Jen-chen	877	5	17	,, ,,	
						辛 未 8, Sin-wei	,,	5	16		4964
,,	,, ,,	,, ,,	6	4	1	庚 申 57, Keng-chen	879	4	25	,, ,,	0
,,	,, ,,	文 德 Wen-té	1	3	1	戊 戌 35, Meou-siu	888	4	15	,, ,,	4988
,,	昭 宗 Tchao Tsong	天 祐 T'ien-yeou	1	10	1	辛 卯 28, Sin-mao	904	11	10	Lat. 34° 43' Long. 112° 28' 河 南 河 南 府 Ho-nan Ho-nan F.	5025
,,	昭 宣 帝 Tchao-siuen Ti	,, ,,	3	4	1	癸 未 20, Koei-wei	906	4	26	,, ,,	5028
後 梁 Heou Liang	太 祖 T'ai Tsou	開 邓 K'ai-p'ing	3	2	1	丁 酉 34, Ting-yeou	909	2	23	Lat. 34° 52' Long. 114° 33' 河 南 開 封 府 Ho-nan K'ai-fong F.	5034
,,	,, ,,	乾 化 K'ien-hoa	1	1	1	丙 戌 23, Ping-siu	911	2	2	,, ,,	5038

7

DYNASTIE.	EMPEREUR.	RÈGNE.	AN.	LUNE.	JOUR.	SIGNE CYCLIQUE.	AN. ap. J.C.	MOIS SOL.	JOUR.	LIEU.	CAN. OPP.
後 梁 Heou Liang	末 帝 Mou Ti	龍 德 Long-té	1	6	1	乙 卯 52, Y-mao	921	7	8	Lat. 34° 52' Long. 114° 33' 河 南 開 封 府 Ho-nan K'ai-fong F.	5061
後 唐 Heou T'ang	莊 宗 Tchoang Tsong	同 光 T'ong-koang	1	10	1	辛 未 8, Sin-wei	923	11	11	Lat. 34° 43' Long. 112° 28' 河 南 河 南 府 Ho-nan Ho-nan F.	5067
,,	,, ,,	,, ,,	3	4	1	癸 亥 60, Koei-hai	925	4	26	,, ,,	
						壬 戌 59, Jen-siu	,,	4	25		5070
,,	明 宗 Ming Tsong	天 成 T'ien-tch'eng	1	8	1	乙 酉 22, Y-yeou	926	9	10	,, ,,	5073
,,	,, ,,	,, ,,	2	8	1	己 卯 16, Ki-mao	927	8	30	,, ,,	5075
,,	,, ,,	,, ,,	3	2	1	丁 丑 14, Ting-tch'eou	928	2	24	,, ,,	5076
,,	,, ,,	長 興 Tch'ang-hing	1	6	1	癸 巳 30, Koei-se	930	6	29	,, ,,	5082
,,	,, ,,	,, ,,	2	11	1	甲 申 21, Kia-chen	931	12	12	,, ,,	5085
後 晉 Heou Tsin	高 祖 Kao Tsou	天 福 T'ien-fou	2	1	[1] 2	乙 卯 52, Y-mao	937	2	14	Lat. 34° 52' Long. 114° 33' 河 南 開 封 府 Ho-nan K'ai-fong F.	
						甲 寅 51, Kia-yn	,,	2	13		5097

DYNASTIE.	EMPEREUR.	RÈGNE.	AN.	LUNE.	JOUR.	SIGNE CYCLIQUE.	AN. ap.J.C.	MOIS SOL.	JOUR.	LIEU.	CAN. OPP.
										Lat. 34° 52' Long. 114° 33'	
後 晉 Heou Tsin	高 祖 Kao Tsou	天 福 T'ien-fou	3	1	[1] 2	乙 酉　己 酉 [22, Y-yeou] 46, Ki-yeou	938	2	3	河 南 開 封 府 Ho-nan K'ai-fong F.	5099
,,	,, ,,	,, ,,	4	7	1	庚 子 37, Keng-tse	939	7	19	,, ,,	5102
,,	,, ,,	,, ,,	7	4	1	甲 寅 51, Kia-yn	942	5	18	,, ,,	
						癸 丑 *50, Koei-tch'eou*	,,	5	17		*5109*
,,	,, ,,	,, ,,	8	4	1	戊 申 45, Meou-chen	943	5	7	,, ,,	5111
,,	出 帝 Tch'ou Ti	開 運 K'ai-yun	1	9	1	庚 午 7, Keng-ou	944	9	20	,, ,,	5115
,,	,, ,,	,, ,,	2	8	1	甲 子 1, Kia-tse	945	9	9	,, ,,	5117
,,	,, ,,	,, ,,	3	2	1	壬 戌 59, Jen-siu	946	3	6	,, ,,	5118
後 漢 Heou Han	高 祖 Kao Tsou	乾 祐 K'ien-yeou	1	6	1	戊 寅 15, Meou-yn	948	7	9	,, ,,	5123
,,	隱 帝 Yng Ti	,, ,,	2	6	1	癸 酉 10, Koei-yeou	949	6	29	,, ,,	
						壬 申 *9, Jen-chen*	,,	6	28		*5125*
,,	,, ,,	,, ,,	3	11	1	甲 子 1, Kia-tse	950	12	12	,, ,,	5128

DYNASTIE.	EMPEREUR.	RÈGNE.	AN.	LUNE.	JOUR.	SIGNE CYCLIQUE.	AN. ap. J.C.	MOIS SOL.	JOUR.	LIEU.	CAN. OPP.
										Lat. 34° 52' Long. 114° 33'	
後 周 Heou Tcheou	太 祖 T'ai Tsou	廣 順 Koang-choen	2	4	1	丙 戌 23, Ping-siu	952	4	27	河 南 開 封 府 Ho-nan K'ai-fong F.	
						乙 酉 22, Y-yeou	,,	4	26		5132
,,	世 宗 Che Tsong	顯 德 Hien-té	2	2	. 1	庚 子 37, Keng-tse	955	2	25	,, ,,	5138
,,	,, ,,	,, ,,	5	5	1	辛 巳 18, Sin-se	958	5	21	,, ,,	0
北 宋 Pé Song	太 祖 T'ai Tsou	建 隆 Kien-long	1	5	1	己 亥 36, Ki-hai	960	5	28	,, ,,	5150
,,	,, ,,	,, ,,	2	4	1	癸 巳 30, Koei-se	961	5	17	,, ,,	5152
,,	,, ,,	乾 德 K'ien-té	3	2	1	壬 寅 39, Jen-yn (1)	965	3	6	,, ,,	5161
,,	,, ,,	,, ,,	5	6	1	戊 午 55, Meou-ou	967	7	10	,, ,,	5166
,,	,, ,,	開 寶 K'ai-pao	1	12	1	己 酉 46, Ki-yeou	968	12	22	,, ,,	5169
,,	,, ,,	,, ,,	3	4	1	辛 未 8, Sin-wei	970	5	8	,, ,,	5173
,,	,, ,,	,, ,,	4	10	1	癸 亥 60, Koei-hai	971	10	22	,, ,,	5176
,,	,, ,,	,, ,,	5	9	1	丁 巳 54, Ting-se	972	10	10	,, ,,	5178

(1) Cette éclipse annoncée n'eut pas lieu.

DYNASTIE.	EMPEREUR.	RÈGNE.	AN.	LUNE.	JOUR.	SIGNE CYCLIQUE.	AN. ap.J.C.	MOIS SOL.	JOUR.	LIEU.	CAN. OPP.
北 宋 Pé Song	太 祖 T'ai-Tsou	開 寶 K'ai-pao	7	2	1	庚 辰 17, Keng-tch'en	974	2	25	Lat. 34° 52' Long. 114° 33' 河 南 開 封 府 Ho-nan K'ai-fong F.	5181
,,	,, ,,	,, ,,	8	7	1	辛 未 8, Sin-wei	975	8	10	,, ,,	5184
,,	太 宗 T'ai Tsong	太 平 興 國 T'ai-p'ing-hing-kouo	2	11	1	丁 亥 24, Ting-hai (1)	977	12	13	,, ,,	5189
,,	,, ,,	,, ,,	6	9	1	乙 未 32, Y-wei	981	10	1	,, ,,	
,,						甲 午 *31, Kia-ou*	,,	9	*30*		*5198*
,,	,, ,,	,, ,,	7	3	1	癸 巳 30, Koei-se	982	3	28	,, ,,	5199
,,	,, ,,	,, ,,	,,	12	1	戊 午 55, Meou-ou	,,	12	18	,, ,,	0
,,	,, ,,	,, ,,	8	2	1	戊 子 25, Meou-tse	983	3	18	,, ,,	
,,						丁 亥 *24, Ting-hai*	,,	*3*	*17*		*5201*
,,	,, ,,	雍 熙 Yong-hi	2	12	1	庚 子 37, Keng-tse	986	1	13	,, ,,	5208
,,	,, ,,	,, ,,	3	6	1	戊 戌 35, Meou-siu	,,	7	10	,, ,,	
						丁 酉 *34, Ting-yeou*	,,	*7*	*9*		*5209*

(1) Cette éclipse annoncée n'eut pas lieu.

DYNASTIE.	EMPEREUR.	RÈGNE.	AN.	LUNE.	JOUR.	SIGNE CYCLIQUE.	AN. ap. J.C.	MOIS SOL.	JOUR.	LIEU.	CAN. OPP.
北 宋 Pé Song	太 宗 T'ai Tsong	淳 化 Choen-hoa	2	2bis	1	辛 未 8, Sin-wei	991	3	19	Lat. 34° 52' Long. 114° 33' 河 南 開 封 府 Ho-nan K'ai-fong F.	
						庚 午 7, Keng-ou	,,	3	18		5219
,,	,, ,,	,, ,,	3	2	1	乙 丑 2, Y-tch'eou	992	3	7	,, ,,	5223
,,	,, ,,	,, ,,	4	2	1	己 未 56, Ki-wei	993	2	24	,, ,,	5225
,,	,, ,,	,, ,,	,,	8	1	丙 辰 53, Ping-tch'en	,,	8	20	,, ,,	5226
遼 Liao	聖 宗 Cheng Tsong	統 和 T'ong-houo	12	7	1	辛 亥 48, Sin-hai	994	8	10	Lat. 39° 57' Long. 116° 29' 直 隸 順 天 府 Tche-li Choen-t'ien F.	
						庚 戌 47, Keng-siu	,,	8	9		5228
北 宋 Pé Song	太 宗 T'ai Tsong	淳 化 Choen-hoa	5	12	1	戊 寅 15, Meou-yn (1)	995	1	4	Lat. 34° 52' Long. 114° 33' 河 南 開 封 府 Ho-nan K'ai-fong F.	5229
遼 Liao	聖 宗 Cheng Tsong	統 和 T'ong-houo	15	5	1	甲 子 1, Kia-tse	997	6	8	Lat. 39° 57' Long. 116° 29' 直 隸 順 天 府 Tche-li Choen-t'ien F.	
						癸 亥 60, Koei-hai	,,	6	7		5234

(1) Cette éclipse fut dissimulée par les nuages.

DYNASTIE.	EMPEREUR.	RÈGNE.	AN.	LUNE.	JOUR.	SIGNE CYCLIQUE.	AN. ap.J.C.	MOIS SOL.	JOUR.	LIEU.	CAN. OPP.
北 宋 Pé Song	眞 宗 Tchen Tsong	咸 平 Hien-p'ing	1	5	1	戊 午 55, Meou-ou	998	5	28	*Lat. 34° 52' Long. 114° 33'* 河 南 開 封 府 Ho-nan K'ai-fong F.	5237
,,	,, ,,	,, ,,	,,	10	1	丙 戌 23, Ping-siu	,,	10	23	,, ,,	5238
,,	,, ,,	,, ,,	2	9	1	庚 辰 17, Keng-tch'en	999	10	12	,, ,,	5240
,,	,, ,,	,, ,,	3	3	1	戊 寅 15, Meou-yn	1000	4	7	,, ,,	5241
,,	,, ,,	,, ,,	5	7	1	甲 午 31, Kia-ou	1002	8	11	,, ,,	5246
,,	,, ,,	景 德 King-té	1	12	1	庚 辰 17, Keng-tch'en	1005	1	13	,, ,,	5252
,,	,, ,,	,, ,,	3	5	1	壬 寅 39, Jen-yn (1)	1006	5	30	,, ,,	5257
						辛 丑 *38, Sin-tch'eou*	,,	5	29		*5255*
,,	,, ,,	,, ,,	4	5	1	丙 申 33, Ping-chen	1007	5	19	,, ,,	5257
,,	,, ,,	,, ,,	,,	10	1	甲 午 31, Kia-ou (2)	,,	11	13	,, ,,	
						癸 巳 *30, Koei-se*	,,	11	12		*5258*
,,	,, ,,	大 中 祥 符 Ta-tchong-siang-fou	2	3	1	丙 辰 53, Ping-tch'en (3)	1009	3	29	,, ,,	5261

(1) (2) (3) Cette éclipse fut dissimulée par les nuages.

DYNASTIE.	EMPEREUR.	RÈGNE.	AN.	LUNE.	JOUR.	SIGNE CYCLIQUE.	AN. ap.J.C.	MOIS SOL.	JOUR.	LIEU.	CAN. OPP.
北 宋 Pé Song	眞 宗 Tchen Tsong	大 中 祥 符 Ta-tchong-siang-fou	5	8	1	丙 申 33, Ping-chen	1012	8	20	Lat. 34° 52′ Long. 114° 33′ 河 南 開 封 府 Ho-nan K'ai-fong F.	5270
,,	,, ,,	,, ,,	6	12	1	戊 午 55, Meou-ou	1014	1	4	,, ,,	5273
,,	,, ,,	,, ,,	7	12	1	癸 丑 50, Koei-tch'eou (1)	,.	12	25	,, ,,	
						壬 子 49, Jen-tse	,,	12	24		5275
,,	,, ,,	,, ,,	8	6	1	己 酉 46, Ki-yeou	1015	6	19	,, ,,	5276
,,	,, ,,	天 禧 T'ien-hi	3	3	1	戊 午 55, Meou-ou	1019	4	8	,, ,,	5285
遼 Liao	聖 宗 Cheng Tsong	開 泰 K'ai-t'ai	9	7	1	庚 戌 47, Keng-siu	1020	7	23	Lat. 39° 57′ Long. 116° 29′ 直 隸 順 天 府 Tche-li Choen-t'ien F.	0
北 宋 Pé Song	眞 宗 Tchen Tsong	天 禧 T'ien hi	5	7	1	甲 戌 11, Kia-siu	1021	8	11	Lat. 34° 52′ Long. 114° 33′ 河 南 開 封 府 Ho-nan K'ai-fong F.	5291
,,	,, ,,	乾 興 K'ien-hing	1	7	1	甲 子　　己 巳 [1, Kia-tse] 6, Ki-se	1022	8	1	,, ,,	
						戊 辰 5, Meou-tch'en	,,	7	31		5293

(1) Cette éclipse annoncée n'eut pas lieu.

DYNASTIE.	EMPEREUR.	RÈGNE.	AN.	LUNE.	JOUR.	SIGNE CYCLIQUE.	AN. ap. J.C.	MOIS SOL.	JOUR.	LIEU.	CAN. OPP.
										Lat. 34° 52' Long. 114° 33'	
北 宋 Pé Song	仁 宗 Jen Tsong	天 聖 T'ien-cheng	2	5	1	丁 亥 24, Ting-hai (1)	1024	6	9	河 南 開 封 府 Ho-nan K'ai-fong F.	5297
,,	,, ,,	,, ,,	4	10	[1] 2	甲 戌 11, Kia-siu	1026	11	13	,, ,,	
						癸 酉 10, *Koei-yeou*	,,	11	12		*5302*
,,	,, ,,	,, ,,	6	3	1	丙 申 33, Ping-chen	1028	3	29	,, ,,	
						乙 未 32, *Y-wei*	,,	3	28		*5307*
,,	,, ,,	,, ,,	7	8	1	丁 亥 24, Ting-hai	1029	9	11	,, ,,	
						丙 戌 23, *Ping-siu*	,,	9	10		*5310*
,,	,, ,,	明 道 Ming-tao	2	6	1	甲 午 31, Kia-ou	1033	6	29	,, ,,	5318
,,	,, ,,	景 祐 King-yeou	3	4	1	己 酉 46, Ki-yeou (2)	1036	4	29	,, ,,	
						戊 申 45, *Meou-chen*	,,	4	28		*5325*
,,	,, ,,	寶 元 Pao-yuen	1	1	1	戊 戌 35, Mcou-siu	1038	2	7	,, ,,	0
,,	,, ,,	,, ,,	,,	6	23	戊 子 25, Meou-tse †	,,	7	27	,, ,,	0

8   (1) (2) Cette éclipse annoncée n'eut pas lieu.

DYNASTIE.	EMPEREUR.	RÈGNE.	AN.	LUNE.	JOUR.	SIGNE CYCLIQUE.	AN. ap.J.C.	MOIS SOL.	JOUR.	LIEU.	CAN. OPP.
北 宋 Pé Song	仁 宗 Jen Tsong	康 定 K'ang-ting	1	1	1	丙 辰 53, Ping-tch'en	1040	2	15	Lat. 34° 52' Long. 114° 33' 河 南 開 封 府 Ho-nan K'ai-fong F.	5334
"	" "	慶 曆 K'ing-li	2	6	1	壬 申 9, Jen-chen	1042	6	20	" "	5339
"	" "	" "	3	5	1	丁 卯 4, Ting-mao	1043	6	10	" "	
						丙 寅 *3, Ping-yn*	"	*6*	*9*		*5341*
"	" "	" "	4	11	1	戊 午 55, Meou-ou (1)	1044	11	22	" "	5344
"	" "	" "	5	4	1	丁 亥 24, Ting-hai (2)	1045	4	20	" "	
						丙 戌 *23, Ping-siu*	"	*4*	*19*		*534 5*
"	" "	" "	6	3	1	辛 巳 18, Sin-se	1046	4	9	" "	5349
"	" "	皇 祐 Hoang-yeou	1	1	1	甲 31, Kia-ou	1049	2	5	" "	5355
"	" "	" "	4	11	1	壬 寅 39, Jen-yn	1052	11	24	" "	5365
"	" "	" "	5	10	1	丙 申 33, Ping-chen	1053	11	13	" "	5367
"	" "	至 和 Tche-houo	1	4	1	甲 午 31, Kia-ou	1054	5	10	" "	5368

(1) Cette éclipse annoncée n'eut pas lieu.　　　　(2) Cette éclipse fut dissimulée par les nuages.

DYNASTIE.	EMPEREUR.	RÈGNE.	AN.	LUNE.	JOUR.	SIGNE CYCLIQUE.	AN. ap.J.C.	MOIS SOL.	JOUR.	LIEU.	CAN. OPP.
北宋 Pé Song	仁宗 Jen Tsong	嘉祐 Kia-yeou	1	8	1	庚 戌 47, Keng-siu	1056	9	12	Lat. 34° 52' Long. 114° 33' 河南開封府 Ho-nan K'ai-fong F.	5373
,,	,, ,,	,, ,,	3	8	1	己 亥 36, Ki-hai	1058	8	22	,, ,,	5378
,,	,, ,,	,, ,,	4	1	1	丙 申 33, Ping-chen	1059	2	15	,, ,,	5379
,,	,, ,,	,, ,,	6	6	1	壬 子 49, Jen-tse	1061	6	20	,, ,,	5385
遼 Liao	道宗 Tao Tsong	咸雍 Hien-yong	2	9	1	壬 子 49, Jen-tse	1066	9	22	Lat. 39° 57' Long. 116° 29' 直隸順天府 Tche-li Choen-t'ien F.	5398
北宋 Pé Song	神宗 Chen Tsong	熙寧 Hi-ning	1	1	1	甲 戌 11, Kia-siu	1068	2	6	Lat. 34° 52' Long. 114° 33' 河南開封府 Ho-nan K'ai-fong F.	5402
,,	,, ,,	,, ,,	2	7	1	乙 丑 2, Y-tch'eou (1)	1069	7	21	,, ,,	5405
,,	,, ,,	,, ,,	6	4	1	甲 戌 11, Kia-siu (2)	1073	5	10	,, ,,	5413
						癸 酉 10, Koei-yeou	,,	5	9		
,,	,, ,,	,, ,,	8	8	1	庚 寅 27, Keng-yn (3)	1075	9	13	,, ,,	5420

(1) (2) (3) Cette éclipse fut dissimulée par les nuages.

DYNASTIE.	EMPEREUR.	RÈGNE.	AN.	LUNE.	JOUR.	SIGNE CYCLIQUE.	AN. ap.J.C.	MOIS SOL.	JOUR.	LIEU.	CAN. OPP.
北 宋 Pé Song	神 宗 Chen Tsong	元 豐 Yuen-fong	1	6	1	癸 卯 40, Koei-mao (1)	1078	7	12	Lat. 34° 52' Long. 114° 33' 河 南 開 封 府 Ho-nan K'ai-fong F.	
						壬 寅 39, Jen-yn	,,	7	11		5427
,,	,, ,,	,, ,,	3	11	1	己 丑 26, Ki-tch'eou (2)	1080	12	14	,, ,,	5432
,,	,, ,,	,, ,,	4	11	1	癸 未 20, Koei-wei (3)	1081	12	3	,, ,,	5436
,,	,, ,,	,, ,,	5	4	1	壬 子 49, Jen-tse (4)	1082	5	1	,, ,,	
						辛 亥 48, Sin-hai	,,	4	30		5437
,,	,, ,,	,, ,,	6	9	1	癸 卯 40, Koei-mao	1083	10	14	,, ,,	5440
,,	哲 宗 Tché Tsong	元 祐 Yuen-yeou	2	7	1	庚 戌 47, Keng-siu (5)	1087	8	1	,, ,,	5449
,,	,, ,,	,, ,,	6	5	1	己 未 56, Ki-wei	1091	5	21	,, ,,	5457
,,	,, ,,	紹 聖 Chao-cheng	1	3	1	壬 申 9, Jen-chen	1094	3	19	,, ,,	5465

(1) Cette éclipse annoncée n'eut pas lieu.

(2) Cette éclipse fut dissimulée par les nuages.

(3) Cette éclipse annoncée n'eut pas lieu.

(4) (5) Cette éclipse fut dissimulée par les nuages.

DYNASTIE.	EMPEREUR.	RÈGNE.	AN.	LUNE.	JOUR.	SIGNE CYCLIQUE.	AN. ap.J.C.	MOIS SOL.	JOUR.	LIEU.	CAN. OPP.
北 宋 Pé Song	哲 宗 Tché Tsong	紹 聖 Chao-cheng	2	2	1	丁 卯 4, Ting-mao (1)	1095	3	9	*Lat. 34° 52' Long. 114° 33'* 河 南 開 封 府 Ho-nan K'ai-fong F.	
						丙 寅 *3, Ping-yn*	,,	*3*	*8*		*5467*
,,	,, ,,	,, ,,	4	6	1	癸 未 20, Koei-wei (2)	1097	7	12	,, ,,	
						壬 午 *19, Jen-ou*	,,	*7*	*11*		*5474*
,,	,, ,,	元 符 Yuen-fou	3	4	1	丁 酉 34, Ting-yeou	1100	5	11	,, ,,	5482
,,	徽 宗 Hoei Tsong	建 中 靖 國 Kien-tchong-tsing-{kouo	1	4	1	辛 卯 28, Sin-mao (3)	1101	4	30	,, ,,	5484
,,	,, ,,	崇 寧 Tch'ong-ning	5	7	1	庚 寅 27, Keng-yn (4)	1106	8	1	,, ,,	5497
,,	,, ,,	大 觀 Ta-koan	1	11	1	壬 子 49, Jen-tse	1107	12	16	,, ,,	5500
,,	,, ,,	,, ,,	2	5	1	庚 戌 47, Keng-siu	1108	6	11	,, ,,	5501
,,	,, ,,	,, ,,	4	9	1	丙 寅 3, Ping-yn	1110	10	15	,, ,,	5507
,,	,, ,,	政 和 Tcheng-houo	3	3	1	壬 子 49, Jen-tse	1113	3	19	,, ,,	5513
,,	,, ,,	,, ,,	5	7	1	戊 辰 5, Meou-tch'en	1115	7	23	,, ,,	5520

(1) Cette éclipse annoncée n'eut pas lieu. — (2) (3) Cette éclipse fut dissimulée par les nuages. — (4) Cette éclipse annoncée n'eut pas lieu.

DYNASTIE.	EMPEREUR.	RÈGNE.	AN.	LUNE.	JOUR.	SIGNE CYCLIQUE.	AN. ap. J.C.	MOIS SOL.	JOUR.	LIEU.	CAN. OPP.
北 宋 Pé Song	徽 宗 Hoei Tsong	重 和 Tch'ong-houo	1	5	1	壬 午 19, Jen-ou	1118	5	22	Lat. 34° 52' Long. 114° 33' 河 南 開 封 府 Ho-nan K'ai-fong F.	5527
,,	,, ,,	宣 和 Siuen-houo	1	4	1	丙 子 13, Ping-tse	1119	5	11	,, ,,	5529
,,	,, ,,	,, ,,	2	10	1	戊 辰 5, Meou-tch'en	1120	10	24	,, ,,	5532
遼 Liao	天 祚 帝 T'ien-tsou Ti	保 大 Pao-ta	2	2	1	庚 寅 27, Keng-yn	1122	3	10	Lat. 39° 57' Long. 116° 29' 直 隸 順 天 府 Tche-li Choen-t'ien F.	5537
北 宋 Pé Song	徽 宗 Hoei Tsong	宣 和 Siuen-houo	5	8	1	辛 巳 18, Sin-se (1)	1123	8	23	Lat. 34° 52' Long. 114° 33' 河 南 開 封 府 Ho-nan K'ai-fong F.	
						庚 辰 17, Keng-tch'en	,,	8	22		5540
南 宋 Nan Song	高 宗 Kao Tsong	建 炎 Kien-yen	3	9	1	丙 午 43, Ping-ou	1129	10	15	Lat. 30° 12' Long. 120° 12' 浙 江 杭 州 府 Tché-kiang Hang-tcheou F.	5555
,,	,, ,,	紹 興 Chao-hing	5	1	1	乙 巳 42, Y-se	1135	1	16	,, ,,	5568
,,	,, ,,	,, ,,	7	2	1	癸 巳 30, Koei-se	1137	2	22	,, ,,	0
金 Kin	熙 宗 Hi Tsong	天 眷 T'ien-kiuen	3	7	1	癸 卯 40, Koei-mao	1140	8	15	Lat. 41° 51' Long. 123° 38' 盛 京 奉 天 府 Cheng-king Fong-t'ien F.	0

(1) Cette éclipse fut dissimulée par les nuages.

DYNASTIE.	EMPEREUR.	RÈGNE.	AN.	LUNE.	JOUR.	SIGNE CYCLIQUE.	AN. ap.J.C.	MOIS SOL.	JOUR.	LIEU.	CAN. OPP.
南 宋 Nan Song	高 崇 Kao Tsong	紹 興 Chao-hing	13	12	1	癸 未 20, Koei-wei (1)	1144	1	7	*Lat. 30° 12' Long. 120° 12'* 浙 江 杭 州 府 Tché-kiangHang-tcheouF.	
						壬 午 19, Jen-ou	,,	1	6		5591
金 Kin	熙 崇 Hi Tsong	皇 統 Hoang-t'ong	4	6	1	辛 巳 18, Sin-se	1144	7	3	*Lat. 41° 51' Long. 123° 38'* 盛 京 奉 天 府 Cheng-king Fong-t'ien F.	
						庚 辰 17, Keng-tch'en	,,	7	2		5592
南 宋 Nan Song	高 崇 Kao Tsong	紹 興 Chao-hing	15	6	1	乙 亥 12, Y-hai	1145	6	22	*Lat. 30° 12' Long. 120° 12'* 浙 江 杭 州 府 Tché-kiangHang-tcheouF.	5594
,,	,, ,,	,, ,,	17	10	1	辛 卯 28, Sin-mao	1147	10	26	,, ,,	5600
,,	,, ,,	,, ,,	18	4	1	戊 子 25, Meou-tse	1148	4	20	,, ,,	5601
,,	,, ,,	,, ,,	19	3	1	癸 未 20, Koei-wei	1149	4	10	,, ,,	
						壬 午 19, Jen-ou	,,	4	9		5603
,,	,, ,,	,, ,,	24	5	1	癸 丑 50, Koei-tch'eou	1154	6	13	,, ,,	
						壬 子 49, Jen-tse	,,	6	12		5617

(1) Cette éclipse fut dissimulée par les nuages.

DYNASTIE.	EMPEREUR.	RÈGNE.	AN.	LUNE.	JOUR.	SIGNE CYCLIQUE.	AN. ap.J.C.	MOIS SOL.	JOUR.	LIEU.	CAN. OPP.
南 宋 Nan Song	高 宗 Kao Tsong	紹 興 Chao-hing	25	5	1	丁 未 44, Ting-wei (1)	1155	6	2	Lat. 30° 12' Long. 120° 12' 浙 江 杭 州 府 Tché-kiangHang-tcheouF.	
						丙 午 43, Ping-ou	,,	6	1		5619
,,	,, ,,	,, ,,	28	3	1	辛 酉 58, Sin-yeou (2)	1158	4	1	,, ,,	
						庚 申 57, Keng-chen	,,	3	31		5627
,,	,, ,,	,, ,,	30	8	1	丙 午 43, Ping-ou	1160	9	2	,, ,,	5632
,,	,, ,,	,, ,,	31	1	1	甲 戌 11, Kia-siu (3)	1161	1	28	,, ,,	5633
,,	,, ,,	,, ,,	32	1	1	戊 辰 5, Meou-tch'en	1162	1	17	,, ,,	5636
,,	孝 宗 Hiao Tsong	隆 興 Long-hing	1	6	1	庚 申 57, Keng-chen	1163	7	3	,, ,,	5639
,,	,, ,,	,, ,,	2	6	1	甲 寅 51, Kia-yn (4)	1164	6	21	,, ,,	5641
金 Kin	世 宗 Che Tsong	大 定 Ta-ting	7	4	1	戊 辰 5, Meou-tch'en	1167	4	21	Lat. 39° 57' Long. 116° 29' 直 隸 順 天 府 Tche-li Choen-t'ien F.	5648
南 宋 Nan Song	孝 宗 Hiao Tsong	乾 道 K'ien-tao	5	8	1	甲 申 21, Kia-chen	1169	8	24	Lat. 30° 12' Long. 120° 12' 浙 江 杭 州 府 Tché-kiangHang-tcheouF.	5655

(1) (2) Cette éclipse fut dissimulée par les nuages. — (3) Cette éclipse annoncée n'eut pas lieu. — (4) Cette éclipse fut dissimulée par les nuages.

DYNASTIE.	EMPEREUR.	RÈGNE.	AN.	LUNE.	JOUR.	SIGNE CYCLIQUE.	AN. ap. J.C.	MOIS SOL.	JOUR.	LIEU.	CAN. OPP.
南宋 Nan Song	孝宗 Hiao Tsong	乾道 K'ien-tao	9	5	1	壬 辰 29, Jen-tch'en	1173	6	12	Lat. 30° 12′ Long. 120° 12′ 浙 江 杭 州 府 T'ché-kiang Hang-tcheou F.	5664
,,	,, ,,	淳熙 Choen-hi	1	11	1	甲 申 21, Kia-chen	1174	11	26	,, ,,	5667
,,	,, ,,	,, ,,	3	3	1	丙 午 43, Ping-ou (1)	1176	4	11	,, ,,	5672
,,	,, ,,	,, ,,	4	9	1	丁 酉 34, Ting-yeou (2)	1177	9	24	,, ,,	5675
						丙 申 33, Ping-chen	,,	9	23		5675
,,	,, ,,	,, ,,	10	11	1	壬 戌 59, Jen siu	1183	11	17	,, ,,	5691
,,	,, ,,	,, ,,	15	8	1	甲 子 1, Kia-tse	1188	8	24	,, ,,	5703
,,	,, ,,	,, ,,	16	2	1	辛 酉 58, Sin-yeou (3)	1189	2	17	,, ,,	5704
,,	寧宗 Ning Tsong	慶元 K'ing-yuen	1	3	1	丙 戌 23, Ping-siu	1195	4	12	,, ,,	5719
,,	,, ,,	,, ,,	4	1	1	己 亥 36, Ki-hai (4)	1198	2	8	,, ,,	
						戊 戌 35, Meou-siu	,,	2	7		5727
,,	,, ,,	,, ,,	5	1	1	癸 巳 30, Koei-se (5)	1199	1	28	,, ,,	5729

9   (1) (2) (3) (4) (5) Cette éclipse fut dissimulée par les nuages.

DYNASTIE.	EMPEREUR.	RÈGNE.	AN.	LUNE.	JOUR.	SIGNE CYCLIQUE.	AN. ap. J.C.	MOIS SOL.	JOUR.	LIEU.	CAN. OPP.
南 宋 Nan Song	寧 宗 Ning Tsong	慶 元 K'ing-yuen	6	6	1	乙 酉 22, Y-yeou (1)	1200	7	13	*Lat. 30° 12' Long. 120° 12'* 浙 江 杭 州 府 Tché-kiangHang-tcheouF.	
						甲 申 21, Kia-chen	,,	7	12		5732
金 Kin	章 宗 Tchang Tsong	承 安 Tch'eng-ngan	5	11	1	癸 丑 50, Koei-tch'eou	1200	12	8	*Lat. 39° 57' Long. 116° 29'* 直 隸 順 天 府 Tche-li Choen-t'ien F.	5733
南 宋 Nan Song	寧 宗 Ning Tsong	嘉 泰 Kia-t'ai	2	5	1	甲 辰 41, Kia-tch'en	1202	5	23	*Lat. 30° 12' Long. 120° 12'* 浙 江 杭 州 府 Tché-kiangHang-tcheouF.	5737
,,	,, ,,	,, ,,	3	4	1	己 亥 36, Ki-hai	1203	5	13	,, ,,	
						戊 戌 35, Meou-siu	,,	5	12		5739
,,	,, ,,	開 禧 K'ai-hi	2	2	1	壬 子 49, Jen-tse (2)	1206	3	11	,, ,,	5747
金 Kin	衛 紹 王 Wei-chao Wang	大 安 Ta-ngan	1	12	1	辛 酉 58, Sin-yeou	1209	12	29	*Lat. 39° 57' Long. 116° 29'* 直 隸 順 天 府 Tche-li Choen-t'ien F.	
						庚 申 57, Keng-chen	,,	12	28		5757

(1) Cette éclipse fut dissimulée par les nuages.

(2) Cette éclipse annoncée n'eut pas lieu.

DYNASTIE.	EMPEREUR.	RÈGNE.	AN.	LUNE.	JOUR.	SIGNE CYCLIQUE.	AN. ap.J.C.	MOIS SOL.	JOUR.	LIEU.	CAN. OPP.
南 宋 Nan Song	寧 宗 Ning Tsong	嘉 定 Kia-ting	3	6	1	丁 巳 54, Ting-se	1210	6	23	*Lat. 30° 12' Long. 120° 12'* 浙 江 杭 州 府 Tché-kiangHang-tcheouF.	
						丙 辰 *53, Ping-tch'en*	,,	*0*	*22*		*5758*
,,	,, ,,	,, ,,	4	11	1	己 酉 46, Ki-yeou (1)	1211	12	7	,, ,,	5761
,,	,, ,,	,, ,,	7	9	1	壬 戌 59, Jen-siu	1214	10	5	,, ,,	5767
,,	,, ,,	,, ,,	9	2	1	甲 申 21, Kia-chen	1216	2	19	,, ,,	5772
金 Kin	宣 宗 Siuen Tsong	貞 祐 Tchen-yeou	4	7bis	1	壬 午 19, Jen-ou	1216	8	15	*Lat. 34° 52' Long. 114° 33'* 河 南 開 封 府 Ho-nan K'ai-fong F.	
						辛 巳 *18, Sin-se*	,,	*8*	*14*		*5773*
南 宋 Nan Song	寧 宗 Ning Tsong	嘉 定 Kia-ting	10	7	1	丙 子 13, Ping-tse	1217	8	4	*Lat. 30° 12' Long. 120° 12'* 浙 江 杭 州 府 Tché-kiangHang-tcheouF.	5775
,,	,, ,,	,, ,,	11	7	1	庚 午 7, Keng-ou	1218	7	24	,, ,,	5777
,,	,, ,,	,, ,,	14	5	1	甲 申 21 Kia-chen	1221	5	23	,, ,,	5785

(1) Cette éclipse fut dissimulée par les nuages.

DYNASTIE.	EMPEREUR.	RÈGNE.	AN.	LUNE.	JOUR.	SIGNE CYCLIQUE.	AN. ap. J.C.	MOIS SOL.	JOUR.	LIEU.	CAN. OPP.
南 宋 Nan Song	寧 宗 Ning Tsong	嘉 定 Kia-ting	16	0	1	庚 子 37, Keng-tse	1223	9	26	*Lat. 30° 12′ Long. 120° 12′* 浙 江 杭 州 府 Tché-kiangHang-tcheouF.	5792
,,	理 宗 Li Tsong	寶 慶 Pao-k'ing	3	6	1	戊 申 45, Meou-chen	1227	7	15	,, ,,	5802
,,	,, ,,	紹 定 Chao-ting	1	6	1	壬 寅 39, Jen-yn	1228	7	3	,, ,,	5804
金 Kin	哀 宗 Ngai Tsong	正 大 Tcheng-ta	5	12	• 1	庚 子 37, Keng-tse	,,	12	28	*Lat. 34° 52′ Long. 114° 33′* 河 南 開 封 府 Ho-nan K'ai-fong F.	5805
南 宋 Nan Song	理 宗 Li Tsong	紹 定 Chao-ting	6	9	1	壬 寅 39, Jen-yn (1)	1233	10	5	*Lat. 30° 12′ Long. 120° 12′* 浙 江 杭 州 府 Tché-kiangHang-tcheouF.	5817
,,	,, ,,	端 平 Toan-p'ing	2	2	1	甲 子 1, Kia-tse (2)	1235	2	19	,, ,,	5820
,,	,, ,,	嘉 熙 Kia-hi	1	12	1	戊 寅 15, Meou-yn	1237	12	19	,, ,,	5828
,,	,, ,,	淳 祐 Choen-yeou	2	9	1	庚 辰 17, Keng-tch'en	1242	9	26	,, ,,	5840
,,	,, ,,	,, ,,	3	3	1	丁 丑 14, Ting-tch'eou	1243	3	22	,, ,,	5841
,,	,, ,,	,, ,,	5	7	1	癸 巳 30, Koei-se	1245	7	25	,, ,,	5848

(1) Cette éclipse fut dissimulée par les nuages.   (2) Cette éclipse annoncée n'eut pas lieu.

DYNASTIE.	EMPEREUR.	RÈGNE.	AN.	LUNE.	JOUR.	SIGNE CYCLIQUE.	AN. ap.J.C.	MOIS SOL.	JOUR.	LIEU.		CAN. OPP.
南 宋 Nan Song	理 宗 Li Tsong	淳 祐 Choen-yeou	0	1	1	辛 卯 28, Sin-mao	1246	1	19	*Lat. 30° 12' Long. 120° 12'* 浙 江 杭 州 府 Tché-kiang Hang-tcheou F.		5849
,,	,, ,,	,, ,,	9	4	1	壬 寅 39, Jen-yn	1249	5	14	,,	,,	5857
,,	,, ,,	,, ,,	12	2	1	乙 卯 52, Y-mao	1252	3	12	,,	,,	
,,						甲 寅 *51, Kia-yn*	,,	3	*11*			*5864*
,,	,, ,,	寶 祐 Pao-yeou	1	2	1	己 酉 46, Ki-yeou	1253	3	1	,,	,,	5866
,,	,, ,,	景 定 King-ting	1	3	1	戊 辰 5, Meou-tch'en	1260	4	12	,,	,,	5884
,,	,, ,,	,, ,,	2	3	1	壬 戌 59, Jen-siu	1261	4	1	,,	,,	5886
,,	度 宗 Tou Tsong	咸 淳 Hien-choen	1	1	1	辛 未 8, Sin-wei	1265	1	19	,,	,,	5896
,,	,, ,,	,, ,,	3	5	1	丁 亥 24, Ting-hai	1267	5	25	,,	,,	5902
,,	,, ,,	,, ,,	4	10	1	戊 寅 15, Meou-yn	1268	11	6	,,	,,	5905
,,	,, ,,	,, ,,	6	3	1	庚 子 37, Keng-tse	1270	3	23	,,	,,	5909
,,	,, ,,	,, ,,	7	8	1	壬 辰 29, Jen-tch'en	1271	9	6	,,	,,	5912

DYNASTIE.	EMPEREUR.	RÈGNE.	AN.	LUNE.	JOUR.	SIGNE CYCLIQUE.	AN. ap.J.C.	MOIS SOL.	JOUR.	LIEU.	CAN. OPP.
南 宋 Nan Song	度 宗 Tou Tsong	咸 淳 Hien-choen	8	8	1	丙 戌 23, Ping-siu	1272	8	25	Lat. 30° 12' Long. 120° 12' 浙 江 杭 州 府 Tché-kiangHang-tcheouF.	5914
,,	恭 宗 Kong Tsong	德 祐 Té-yeou	1	6	1	庚 子 37, Keng-tse	1275	6	25	,, ,,	5922
,,	端 宗 Toan Tsong	景 炎 King-yen	2	10	1	丙 辰 53, Ping-tch'en	1277	10	28	Lat. 26° 03' Long. 119° 25' 福 建 福 州 府 Fou-kien Fou-tcheou F.	5927
元 Yuen	世 祖 Che Tsou	至 元 Tche-yuen	19	6	1	己 丑 26, Ki-tch'eou	1282	7	7	Lat. 30° 57' Long. 116° 29' 直 隸 順 天 府 Tche-li Choen-t'ien F.	0
,,	,, ,,	,, ,,	,,	7	1	戊 午 55, Meou-ou	,,	8	5	,, ,,	5938
,,	,, ,,	,, ,,	24	10	1	戊 午 55, Meou-ou	1287	11	7	,, ,,	5951
,,	,, ,,	,, ,,	26	3	1	庚 辰 17, Keng-tch'en	1289	3	23	,, ,,	5954
,,	,, ,,	,, ,,	27	8	1	辛 未 8, Sin-wei	1290	9	5	,, ,,	5957
,,	,, ,,	,, ,,	29	1	1	甲 午 31, Kia-ou	1292	1	21	,, ,,	5962
,,	,, ,,	,, ,,	31	6	1	庚 辰 17, Keng-tch'en	1294	6	25	,, ,,	5967

DYNASTIE.	EMPEREUR.	RÈGNE.	AN.	LUNE.	JOUR.	SIGNE CYCLIQUE.	AN. ap.J.C.	MOIS SOL.	JOUR.	LIEU.	CAN. OPP.
元 Yuen	成 宗 Tch'eng Tsong	大 德 Ta-té	1	4	1	癸 巳 30, Koei-se	1297	4	23	Lat. 39° 57' Long. 116° 29' 直 隸 順 天 府 'Tche-li Choen-t'ien F.	
						壬 辰 29, Jen-tch'en	,,	4	22		5973
,,	,, ,,	,, ,,	3	8	1	己 酉 46, Ki-yeou	1299	8	27	,, ,,	5979
,,	,, ,,	,, ,,	4	2	1	丁 未 44, Ting-wei	1300	2	21	,, ,,	5980
,,	,, ,,	,, ,,	6	6	1	癸 亥 60, Koei-hai	1302	6	26	,, ,,	5985
,,	,, ,,	,, ,,	7	5bis	1	戊 午 55, Meou-on	1303	6	16	,, ,,	
						丁 巳 54. Ting-se	,,	6	15		5988
,,	,, ,,	,, ,,	8	5	1	癸 未 壬 子 [20, Koei-wei] 49, Jen-tse	1304	0	4	,, ,,	5900
,,	仁 宗 Jen Tsong	皇 慶 Hoang-k'ing	1	6	1	乙 丑 2, Y-tch'eou	1312	7	5	,, ,,	6009
,,	,, ,,	延 祐 Yen-yeou	2	4	1	戊 寅 15, Meou-yn	1315	5	4	,, ,,	6015
,,	,, ,,	,, ,,	5	2	1	癸 巳 30, Koei-se	1318	3	4	,, ,,	
						壬 辰 29, Jen-tch'en	,,	3	3		6022

DYNASTIE.	EMPEREUR.	RÈGNE.	AN.	LUNE.	JOUR.	SIGNE CYCLIQUE.	AN. ap.J.C.	MOIS SOL.	JOUR.	LIEU.	CAN. OPP.
										Lat. 39° 57' Long. 116° 29'	
元 Yuen	仁 宗 Jen Tsong	延 祐 Yen-yeou	6	2	1	丁 亥 24, Ting-hai	1319	2	21	直 隸 順 天 府 Tche-li Choen-t'ien F.	6024
,,	,, ,,	,, ,,	7	1	1	辛 巳 18, Sin-se	1320	2	10	,, ,,	6026
,,	英 宗 Yng Tsong	至 治 Tche-tche	1	6	1	癸 卯 40, Koei-mao	1321	6	26	,, ,,	6030
,,	,, ,,	,, ,,	2	11	1	甲 午 31, Kia-ou	1322	12	9	,, ,,	6033
,,	泰 定 帝 T'ai-ting Ti	泰 定 T'ai-ting	4	9	1	丙 申 33, Ping-chen	1327	9	16	,, ,,	6045
,,	文 宗 Wen Tsong	天 曆 T'ien-li	2	7	1	丙 辰 53, Ping-tch'en	1329	7	27	,, ,,	6049
,,	,, ,,	至 順 Tche-choen	2	[6] 5	[1] 30	甲 辰 41, Kia-tch'en	1331	7	5	,, ,,	6054
,,	,, ,,	,, ,,	,,	8	1	甲 辰 41, Kia-tch'en	,,	9	3	,, ,,	0
,,	,, ,,	,, ,,	,,	11	1	壬 申 9, Jen-chen	,,	11	30	,, ,,	6055
,,	順 帝 Choen Ti	元 統 Yuen-t'ong	2	4	1	戊 午 55, Meou-ou	1334	5	4	,, ,,	6060
,,	,, ,,	至 元 Tche-yuen	2	8	1	甲 戌 11, Kia-siu	1336	9	6	,, ,,	6065
,,	,, ,,	,, ,,	3	2	1	壬 申 9, Jen-chen	1337	3	3	,, ,,	6066

DYNASTIE.	EMPEREUR.	RÈGNE.	AN.	LUNE.	JOUR.	SIGNE CYCLIQUE.	AN. ap.J.C.	MOIS SOL.	JOUR.	LIEU.	CAN. OPP.
										Lat. 39° 57' Long. 116° 29'	
明 Ming	戚 祖 Tch'eng Tsou	永 樂 Yong-lo	20	1	1	己 未 56, Ki-wei	1422	1	23	直 隸 順 天 府 Tche-li Choen-t'ien F.	6258
,,	,, ,,	,, ,,	21	6	1	庚 戌 47, Keng-siu	1423	7	8	,, ,,	6261
,,	仁 宗 Jen Tsong	洪 熙 Hong-hi	1	10	1	丙 寅 3, Ping-yn	1425	11	10	,, ,,	6267
,,	宣 宗 Siuen Tsong	宣 德 Siuen-té	5	8	1	己 巳 6, Ki-se (1)	1430	8	19	,, ,,	6277
,,	,, ,,	,, ,,	7	1	1	辛 酉 58, Sin-yeou	1432	2	2	,, ,,	6280
,,	,, ,,	,, ,,	10	11	1	戊 辰 5, Meou-tch'en	1435	11	20	,, ,,	6289
,,	英 宗 Yng Tsong	正 統 Tcheng-t'ong	4	8	1	丙 子 13, Ping-tse	1439	9	8	,, ,,	6297
,,	,, ,,	,, ,,	5	1	1	甲 辰 41, Kia-tch'en	1440	2	3	,, ,,	6298
,,	,, ,,	,, ,,	6	1	1	己 亥 36, Ki-hai (2)	1441	1	23	,, ,,	6300
,,	,, ,,	,, ,,	,,	7	[1] 2	丙 申 33, Ping-chen	,,	7	19	,, ,,	
						乙 未 32, Y-wei	,,	7	18		6301

(1) Cetté éclipse fut dissimulée par les nuages.   (2) Cette éclipse annoncée n'eut pas lieu.

DYNASTIE.	EMPEREUR.	RÈGNE.	AN.	LUNE.	JOUR.	SIGNE CYCLIQUE.	AN. ap.J.C.	MOIS SOL.	JOUR.	LIEU.	CAN. OPP.
										Lat. 39° 57' Long. 116° 29'	
明 Ming	英 宗 Yng Tsong	正 統 Tcheng-t'ong	7	6	1	庚 寅 27, Keng-yn	1442	7	8	直 隸 順 天 府 Tche-li Choen-t'ien F.	
						己 丑 26, Ki-tch'eou	,,	7	7		6303
,,	,, ,,	,, ,,	8	6	1	甲 申 21, Kia-chen	1443	6	27	,, ,,	6306
,,	,, ,,	,, ,,	,,	11	1	壬 子 49, Jen-tse	,,	11	22	,, ,,	
						辛 亥 48, Sin-hai	,,	11	21		6307
,,	,, ,,	,, ,,	9	10	1	丙 午 43, Ping-ou	1444	11	10	,, ,,	6309
,,	,, ,,	,, ,,	10	4	1	甲 辰 41, Kia-tch'en	1445	5	7	,, ,,	6310
,,	,, ,,	,, ,,	11	4	1	癸 亥　戊 戌 [60,Koei-hai]35,Meou-siu	1446	4	26	,, ,,	6312
,,	,, ,,	,, ,,	12	8	1	庚 申 57, Keng-chen	1447	9	10	,, ,,	6315
,,	,, ,,	,, ,,	13	2	1	丁 巳 54, Ting-se	1448	3	5	,, ,,	6316
,,	景 帝 King Ti	景 泰 King-t'ai	2	6	1	戊 辰 5, Meou-tch'en (1)	1451	6	29	,, ,,	
						丁 卯 4, Ting-mao	,,	6	28		6324

eut pas lieu.

DYNASTIE.	EMPEREUR.	RÈGNE.	AN.	LUNE.	JOUR.	SIGNE CYCLIQUE.	AN. ap.J.C.	MOIS SOL.	JOUR.	LIEU.	CAN. OPP.
元 Yuen	順 帝 Choen Ti	至 正 Tche-tcheng	24	8	1	壬 辰 29, Jen-tch'en	1364	8	28	Lat. 39° 57' Long. 116° 29' 直 隸 順 天 府 Tche-li Choen-t'ien F.	
"	" "	" "				辛 卯 28, Sin-mao	"	8	27		6129
"	" "	" "	26	7	1	辛 巳 18, Sin-se	1366	8	7	" "	6133
"	" "	" "	27	6	1	丙 午 43, Ping-ou	1367	6	28	" "	
						乙 巳 42, Y-se	"	6	27		6135
"	" "	" "	"	12	1	癸 卯 40, Koei-mao	"	12	22	" "	6137
明 Ming	太 祖 T'ai Tsou	洪 武 Hong-ou	1	5	1	庚 午 7, Keng-ou	1368	5	17	Lat. 32° 05' Long. 118° 47' 江 蘇 江 寧 府 Kiang-sou Kiang-ning F.	0
"	" "	" "	2	5	1	甲 午 31, Kia-ou	1369	6	5	" "	6140
"	" "	" "	4	9	1	庚 戌 47, Keng-siu	1371	10	9	" "	6145
"	" "	" "	6	3	1	癸 卯 40, Koei-mao	1373	3	25	" "	
						壬 寅 39, Jen-yn	"	3	24		6148

DYNASTIE.	EMPEREUR.	RÈGNE.	AN.	LUNE.	JOUR.	SIGNE CYCLIQUE.	AN. ap.J.C.	MOIS SOL.	JOUR.	LIEU.	CAN. OPP.
明 Ming	太 祖 T'ai Tsou	洪 武 Hong-ou	7	2	1	丁 酉 34, Ting-yeou	1374	3	14	Lat. 32° 05' Long: 118° 47' 江 蘇 江 寧 府 Kiang-sou Kiang-ning F.	6150
,,	,, ,,	,, ,,	8	7	1	己 未 56, Ki-wei	1375	7	29	,, ,,	6154
,,	,, ,,	,, ,,	9	7	1	癸 丑 50, Koei-tch'eou	1376	7	17	,, ,,	6156
,,	,, ,,	,, ,,	10	12	1	乙 巳 42, Y-se	1377	12	31	,, ,,	6159
,,	,, ,,	,, ,,	14	10	1	壬 子 49, Jen-tse	1381	10	18	,, ,,	6168
,,	,, ,,	,, ,,	16	8	1	壬 申 9, Jen-chen	1383	8	29	,, ,,	6172
,,	,, ,,	,, ,,	19	12	1	癸 未 20, Koei-wei	1386	12	22	,, ,,	6180
,,	,, ,,	,, ,,	21	5	1	甲 戌 11b, Kia-siu	1388	6	5	,, ,,	
						癸 酉 10, Koei-yeou	,,	6	4		6183
,,	,, ,,	,, ,,	22	9	1	丙 寅 3, Ping-yn	1389	9	20	,, ,,	0
,,	,, ,,	,, ,,	23	9	1	庚 寅 27, Keng-yn	1390	10	9	,, ,,	6189
,,	,, ,,	,, ,,	24	3	1	戊 子 25, Meou-tse	1391	4	5	,, ,,	6190

DYNASTIE.	EMPEREUR.	RÈGNE.	AN.	LUNE.	JOUR.	SIGNE CYCLIQUE.	AN. ap.J.C.	MOIS SOL.	JOUR.	LIEU.	CAN. OPP.
明 Ming	太 祖 T'ai Tsou	洪 武 Hong-ou	26	7	1	甲 辰 41, Kia-tch'en	1393	8	8	Lat. 32° 05′ Long. 118° 47′ 江 蘇 江 寧 府 Kiang-sou Kiang-ning F.	6195
,,	,, ,,	,, ,,	30	5	1	壬 子 49, Jen-tse	1397	5	27	,, ,,	
,,						辛 亥 48, Sin-hai	,,	5	26		6204
,,	惠 帝 Hoei Ti	建 文 Kien-wen	2	3	1	丙 寅 3, Ping-yn	1400	3	26	,, ,,	6210
,,	成 祖 Tch'eng Tsou	永 樂 Yong-lo	1	1	8	丙 戌 23, Ping-siu † (1)	1403	1	30	,, ,,	0
,,	,, ,,	,, ,,	4	6	1	己 未 56, Ki-wei (2)	1406	6	16	,, ,,	6223
,,	,, ,,	,, ,,	5	10	1	辛 巳 18, Sin-se	1407	10	31	,, ,,	6227
,,	,, ,,	,, ,,	6	4	1	己 卯 16, Ki-mao	1408	4	26	,, ,,	6228
,,	,, ,,	,, ,,	,,	10	1	乙 亥 12, Y-hai	,,	10	19	,, ,,	6229
,,	,, ,,	,, ,,	7	9	1	庚 午 7, Keng-ou	1409	10	9	,, ,,	6231
,,	,, ,,	,, ,,	11	1	1	辛 巳 18, Sin-se	1413	2	1	,, ,,	6238

(1) Cette éclipse annoncée n'eut pas lieu. (2) Cette éclipse fut dissimulée par les nuages.

DYNASTIE.	EMPEREUR.	RÈGNE.	AN.	LUNE.	JOUR.	SIGNE CYCLIQUE.	AN. ap.J.C.	MOIS SOL.	JOUR.	LIEU.	CAN. OPP.
明 Ming	成 祖 Tch'eng Tsou	永 樂 Yong-lo	12	1	1	丙 子 13, Ping-tse	1414	1	22	Lat. 32°05' Long. 118°47' 江 蘇 江 寧 府 Kiang-sou Kiang-ning F.	
,,	,, ,,	,, ,,	,,			乙 亥 12, Y-hai	,,	1	21		6240
,,	,, ,,	,, ,,	,,	6	1	丙 寅　壬 寅 [3, Ping-yn] 39, Jen-yn	,,	6	17	,, ,,	6241
,,	,, ,,	,, ,,	13	5	1	丁 酉 34, Ting-yeou	1415	6	7	,, ,,	6244
,,	,, ,,	,, ,,	,,	11	1	甲 午 31, Kia-ou	,,	12	1	,, ,,	6245
,,	,, ,,	,, ,,	14	5	1	壬 辰 29, Jen-tch'en	1416	5	27	,, ,,	6246
,,	,, ,,	,, ,,	15	4	1	丁 巳 54, Ting-se	1417	4	17	,, ,,	0
,,	,, ,,	,, ,,	,,	10	1	癸 未 20, Koei-wei	,,	11	9	,, ,,	
,,	,, ,,	,, ,,				壬 午 19, Jen-ou	,,	11	8		6249
,,	,, ,,	,, ,,	18	8	1	丁 酉 34, Ting-yeou	1420	9	8	,, ,,	6255
,,	,, ,,	,, ,,	19	8	1	辛 卯 28, Sin-mao	1421	8	28	Lat. 39°57' Long. 116°20' 直 隸 順 天 府 Tche-li Choen-t'ien F.	6257

DYNASTIE.	EMPEREUR.	RÈGNE.	AN.	LUNE.	JOUR.	SIGNE CYCLIQUE.	AN. ap.J.C.	MOIS SOL.	JOUR.	LIEU.	CAN. OPP.
元 Yuen	順 帝 Choen Ti	至 元 Tche-yuen	4	8	1	癸 亥 60, Koei-hai	1338	8	16	*Lat. 39° 57' Long. 116° 29'* 直 隸 順 天 府 Tche-li Choen-t'ien F.	6070
,,	,, ,,	至 正 Tche-tcheng	2	8	1	庚 子 37, Keng-tse	1342	9	1	,, ,,	0
,,	,, ,,	,, ,,	3	4	1	丙 申 33, Ping-chen	1343	4	25	,, ,,	6080
,,	,, ,,	,, ,,	4	9	1	丁 亥 24, Ting-hai	1344	10	7	,, ,,	6083
,,	,, ,,	,, ,,	5	9	[1] 2	壬 午 19, Jen-ou	1345	9	27	,, ,,	
						辛 巳 18, Sin-se	,,	9	26		6080
,,	,, ,,	,, ,,	6	2	1	庚 戌 47, Keng-siu	1346	2	22	,, ,,	6087
,,	,, ,,	,, ,,	7	1	1	甲 辰 41, Kia-tch'en	1347	2	11	,, ,,	6089
,,	,, ,,	,, ,,	8	7	1	丙 申 33, Ping-chen	1348	7	27	,, ,,	
						乙 未 32, Y-wei	,,	7	26		6092
,,	,, ,,	,, ,,	9	11	1	戊 午 55, Meou-ou	1349	12	11	,, ,,	
						丁 巳 54, Ting-se	,,	12	10		6096

DYNASTIE.	EMPEREUR.	RÉGNE.		AN.	LUNE.	JOUR.	SIGNE CYCLIQUE.	AN. ap. J.C.	MOIS SOL.	JOUR.	LIEU.		CAN. OPP.
元 Yuen	順 帝 Choen Ti	至 正 Tche-tcheng		10	11	1	壬　子 49, Jen-tse	1350	11	30	*Lat. 39° 57' Long. 116° 29'* 直 隸 順 天 府 Tche-li Choen-t'ien F.		6098
,,	,, ,,	,, ,,		11	5	1	己　酉 46, Ki-yeou	1351	5	26	,, ,,		
							戊　申 *45, Meou-chen*	,,	*5*	*25*			*6099*
,,	,, ,,	,, ,,		12	4	1	癸　卯 40, Koei-mao	1352	5	14	,, ,,		6101
,,	,, ,,	,, ,,		13	9	1	乙　丑 2, Y-tch'eou	1353	9	28	,, ,,		6104
,,	,, ,,	,, ,,		14	3	1	癸　亥 60, Koei-hai	1354	3	25	,, ,,		6105
,,	,, ,,	,, ,,		17	1	1	丙　子 13, Ping-tse	1357	1	21	,, ,,		6112
,,	,, ,,	,, ,,		18	6	1	戊　辰 5, Meou-tch'en	1358	7	7	,, ,,		6115
,,	,, ,,	,, ,,		,,	12	1	乙　丑 2, Y-tch'eou	,,	12	31	,, ,,		6116
,,	,, ,,	,, ,,		20	5	1	丁　亥 24, Ting-hai	1360	5	16	,, ,,		
							丙　戌 *23, Ping-siu*	,,	*5*	*15*			*6119*
,,	,, ,,	,, ,,		21	4	1	辛　巳 18, Sin-se	1361	5	5	,, ,,		6122

DYNASTIE.	EMPEREUR.	RÈGNE.	AN.	LUNE.	JOUR.	SIGNE CYCLIQUE.	AN. ap. J.C.	MOIS SOL.	JOUR.	LIEU.	CAN. OPP.
明 Ming	景 帝 King Ti	景 泰 King-t'ai	3	11	1	己 未 56, Ki-wei	1452	12	11	*Lat. 39° 57' Long. 116° 29'* 直 兼 順 天 府 Tche-li Choen-t'ien F.	6327
,,	,, ,,	,, ,,	5	4	1	壬 午 19, Jen-ou	1454	4	28	,, ,,	
						辛 巳 *18, Sin-se*	,,	4	27		*6330*
,,	,, ,,	,, ,,	6	4	1	丙 子 13, Ping-tse	1455	4	17	,, ,,	
						乙 亥 *12, Y-hai*	,,	4	*16*		*6332*
,,	英 宗 Yng Tsong	天 順 T'ien-choen	2	2	1	庚 寅 27, Keng-yn	1458	2	14	,, ,,	
						己 丑 *20. Ki-tch'eou*	,,	2	*13*		*6338*
,,	,, ,,	,, ,,	4	7	1	乙 亥 12, Y-hai	1460	7	18	,, ,,	6343
,,	,, ,,	,, ,,	5	9	1	戊 戌 [0] 35, Meou-siu	1461	10	4	,, ,,	0
,,	,, ,,	,, ,,	,,	11	1	丁 酉 34, Ting-yeou	,,	12	2	,, ,,	6347
,,	,, ,,	,, ,,	7	5	1	己 丑 26, Ki-tch'eou	1463	5	18	,, ,,	6350
,,	,, ,,	,, ,,	8	4	1	癸 未 20, Koei-wei (1)	1464	5	6	,, ,,	6352

11   (1) Cette éclipse annoncée n'eut pas lieu.

DYNASTIE.	EMPEREUR.	RÈGNE.	AN.	LUNE.	JOUR.	SIGNE CYCLIQUE.	AN. ap.J.C.	MOIS SOL.	JOUR.	LIEU.	CAN. OPP:
明 Ming	憲 宗 Hien Tsong	成 化 Tch'eng-hoa	3	2	1	丁 酉 34, Ting-yeou	1467	3	6	Lat. 39° 57' Long. 116° 29' 直 隸 順 天 府 Tche-li Choen-t'ien F.	6358
,,	,, ,,	,, ,,	4	2	1	壬 辰 29, Jen-tch'en	1468	2	24	,, ,,	
						辛 卯 28, Sin-mao	,,	2	23		6360
,,	,, ,,	,, ,,	,,	12	1	丁 亥 24, Ting-hai	,,	12	15	,, ,,	0
,,	,, ,,	,, ,,	5	6	1	癸 丑 50, Koei-tch'eou	1469	7	9	,, ,,	6363
,,	,, ,,	,, ,,	6	6	1	戊 申 45, Meou-chen	1470	6	29	,, ,,	
						丁 未 44, Ting-wei	,,	6	28		6365
,,	,, ,,	,, ,,	9	4	1	辛 酉 58, Sin-yeou	1473	4	27	,, ,,	6372
,,	,, ,,	,, ,,	10	9	1	癸 丑 50, Koei-tch'eou	1474	10	11	,, ,,	6375
,,	,, ,,	,, ,,	11	9	1	丁 未 44, Ting-wei	1475	9	30	,, ,,	6377
,,	,, ,,	,, ,,	12	2	1	乙 亥 12, Y-hai	1476	2	25	,, ,,	6378

DYNASTIE.	EMPEREUR.	RÈGNE.	AN.	LUNE.	JOUR.	SIGNE CYCLIQUE.	AN. ap.J.C.	MOIS SOL.	JOUR.	LIEU.	CAN. OPP.
明 Ming	憲 宗 Hien Tsong	成 化 Tch'eng-hoa	18	5	1	已 巳 6, Ki-se	1482	5	18	*Lat. 39° 57' Long. 116° 29'* 直 隸 順 天 府 Tche-li Choen-t'ien F.	
						戊 辰 5, *Meou-tch'en*	,,	5	17		*6302*
,,	,, ,,	,, ,,	20	9	1	乙 酉 22, Y-yeou	1484	9	20	,, ,,	6397
,,	,, ,,	,, ,,	21	8	1	己 卯 16, Ki-mao	1485	9	9	,, ,,	6399
,,	,, ,,	,, ,,	22	2	1	丁 丑 14, Ting-tch'eou	1486	3	6	,, ,,	6400
,,	孝 宗 Hiao Tsong	弘 治 Hong-tche	1	6	1	癸 巳 30, Koei-se	1488	7	9	,, ,,	6405
,,	,, ,,	,, ,,	2	12	1	甲 申 21, Kin-chen	1489	12	22	,, ,,	6408
,,	,, ,,	,, ,,	7	[3] 2	1	己 卯　　己 未 [16, Ki-mao] 56, Ki-wei	1494	3	6	,, ,,	6418
,,	,, ,,	,, ,,	8	2	1	乙 卯 52, Y-mao	1495	2	25	,, ,,	6420
,,	,, ,,	,, ,,	11	11bis	1	壬 戌 59, Jen-siu	1498	12	13	,, ,,	6429
,,	,, ,,	,, ,,	13	5	1	甲 寅 51, Kia-yn	1500	5	28	,, ,,	
						癸 丑 50, *Koei-tch'eou*	,,	5	27		*6432*

DYNASTIE.	EMPEREUR.	RÈGNE.	AN.	LUNE.	JOUR.	SIGNE CYCLIQUE.	AN. ap.J.C.	MOIS SOL.	JOUR.	LIEU.	CAN. OPP.
明 Ming	孝 宗 Hiao Tsong	弘 治 Hong-tche	14	9	1	丙 子 13, Ping-tse	1501	10	12	*Lat. 39° 57' Long. 116° 29'* 直 隸 順 天 府 Tche-li Choen-t'ien F.	6436
,,	,, ,,	,, ,,	15	5	[1] 0	庚 午 [7, Keng-ou] †	1502	5-6		,, ,,	0
,,	,, ,,	,, ,,	,,	9	1	庚 午 7, Keng-ou	,,	10	1	,, ,,	6438
,,	武 宗 Ou Tsong	正 德 Tcheng-té	2	1	1	乙 亥 12, Y-hai	1507	1	13	,, ,,	6447
,,	,, ,,	,, ,,	9	8	1	辛 卯 28, Sin-mao	1514	8	20	,, ,,	6465
,,	,, ,,	,, ,,	10	12	1	癸 丑 50, Koei-tch'eou	1516	1	4	,, ,,	6469
,,	,, ,,	,, ,,	12	6	1	乙 巳 42, Y-se	1517	6	19	,, ,,	6472
,,	,, ,,	,, ,,	13	5	1	己 亥 36, Ki-hai	1518	6	8	,, ,,	6474
,,	,, ,,	,, ,,	16	3	1	癸 丑 50, Koei-tch'eou	1521	4	7	,, ,,	6481
,,	世 宗 Che Tsong	嘉 靖 Kia-tsing	4	12bis	1	乙 卯 52, Y-mao	1526	1	13	,, ,,	6491
,,	,, ,,	,, ,,	5	5	1	癸 未 20, Koei-wei	1526	6	10	,, ,,	6492
,,	,, ,,	,, ,,	6	5	1	丁 丑 14, Ting-tch'eou	1527	5	30	,, ,,	6495

DYNASTIE.	EMPEREUR.	RÈGNE.	AN.	LUNE.	JOUR.	SIGNE CYCLIQUE.	AN. ap.J.C.	MOIS SOL.	JOUR.	LIEU.	CAN. OPP.
明 Ming	世 宗 Che Tsong	嘉 靖 Kia-tsing	7	5	1	辛 未 8, Sin-wei	1528	5	18	Lat. 39° 57' Long. 116° 29' 直 隸 順 天 府 Tche-li Choen-t'ien F.	6497
,,	,, ,,	,, ,,	8	10	1	癸 亥 60, Koei-hai	1529	11	1	,, ,,	6500
,,	,, ,,	,, ,,	19	3	1	癸 巳 30, Koei-se	1540	4	7	,, ,,	6524
,,	,, ,,	,, ,,	,,	[7] 9	1	己 丑 26, Ki-tch'eou	,,	9	30	,, ,,	6525
,,	,, ,,	,, ,,	21	7	1	己 酉 46, Ki-yeou	1542	8	11	,, ,,	6530
,,	,, ,,	,, ,,	22	1	1	丙 午 43, Ping-ou	1543	2	4	,, ,,	6531
						乙 巳 42, Y-se	,,	2	3		6531
,,	,, ,,	,, ,,	24	5	1	壬 戌 59, Jen-siu	1545	6	9	,, ,,	6536
,,	,, ,,	,, ,,	27	3	[0] 1	丙 子 [0] 13, Ping-tse	1548	4	8	,, ,,	6542
,,	,, ,,	,, ,,	28	3	1	辛 未 8, Sin-wei	1549	3	20	,, ,,	6545
,,	,, ,,	,, ,,	32	1	1	戊 寅 15, Meou-yn (1)	1553	1	14	,, ,,	6553
,,	,, ,,	,, ,,	34	11	1	壬 辰 29, Jen-tch'en	1555	11	14	,, ,,	6560

(1) Cette éclipse fut dissimulée par les nuages.

DYNASTIE.	EMPEREUR.	RÈGNE.	AN.	LUNE.	JOUR.	SIGNE CYCLIQUE.	AN. ap.J.C.	MOIS SOL.	JOUR.	LIEU.	CAN. OPP.
明 Ming	世 宗 Che-Tsong	嘉 靖 Kia-tsing	35	10	1	丙 戌 23, Ping-siu	1556	11	2	*Lat. 39° 57' Long. 116° 29'* 直 隸 順 天 府 Tche-li Choen-t'ien F.	6562
,,	,, ,,	,, ,,	40	2	1	辛 卯 28, Sin-mao (1)	1561	2	14	,, ,,	6572
,,	,, ,,	,, ,,	,,	7	1	己 丑 26, Ki-tch'eou	,,	8	11	,, ,,	6573
,,	,, ,,	,, ,,	43	5	1	壬 寅 39, Jen-yn	1564	6	9	,, ,,	6579
						38, Sin-tch'eou	,,	*6*	*8*		
,,	,, ,,	,, ,,	45	4	1	壬 戌 59, Jen-siu	1566	4	20	,, ,,	6583
						辛 酉 *58, Sin-yeou*	,,	*4*	*19*		
,,	穆 宗 Mou Tsong	隆 慶 Long-k'ing	3	[1] 3	1	乙 巳 42, Y-se	1569	3	18	,, ,,	6590
						甲 辰 *41, Kia-tch'en*	,,	*3*	*17*		
,,	,, ,,	,, ,,	4	1	1	乙 巳 己 巳 [42, Y-se] 6, Ki-se	1570	2	5	,, ,,	6592
,,	,, ,,	,, ,,	6	6	1	乙 卯 52, Y-mao	1572	7	10	,, ,,	6597
,,	神 宗 Chen Tsong	萬 曆 Wan-li	1	[4] 6	1	己 酉 46, Ki-yeou	1573	6	29	,, ,,	6600

(1) Cette éclipse fut dissimulée par les nuages.

DYNASTIE.	EMPEREUR.	RÈGNE.	AN.	LUNE.	JOUR.	SIGNE CYCLIQUE.	AN. ap.J.C.	MOIS SOL.	JOUR.	LIEU.	CAN. OPP.
明 Ming	神 宗 Chen Tsong	萬 曆 Wan-li	3	4	1	乙 巳　己 巳 [42, Y-se] 6, Ki-se	1575	5	10	*Lat. 39° 57' Long. 116° 29'* 直 隸 順 天 府 Tche-li Choen-t'ien F.	6604
,,	,,　,,	,,　,,	5	8bis	1	乙 酉 22, Y-yeou (1)	1577	9	12	,,　　,,	6609
,,	,,　,,	,,　,,	8	2	1	辛 未 8, Sin-wei	1580	2	15	,,　　,,	6615
,,	,,　,,	,,　,,	10	6	1	丁 亥 24, Ting-hai	1582	6	20	,,　　,,	6620
,,	,,　,,	,,　,,	11	11	1	己 卯 16, Ki-mao	1583	12	14	,,　　,,	6623
,,	,,　,,	,,　,,	15	9	1	丁 亥 24, Ting-hai (2)	1587	10	2	,,　　,,	6632
,,	,,　,,	,,　,,	17	1	1	己 酉 46, Ki-yeou	1589	2	15	,,　　,,	6635
,,	,,　,,	,,　,,	18	7	1	庚 子 37, Keng-tse	1590	7	31	,,　　,,	6638
,,	,,　,,	,,　,,	21	[10] 11	1	辛 亥 48, Sin-hai	1593	11	23	,,　　,,	
						庚 戌 *47, Keng-siu*	,,	*11*	*22*		*6640*
,,	,,　,,	,,　,,	22	4	1	己 酉 46, Ki-yeou	1594	5	20	,,　　,,	6647
,,	,,　,,	,,　,,	24	8bis	1	乙 丑 2, Y-tch'eou	1596	9	22	,,　　,,	6653

(1) (2) Cette éclipse fut dissimulée par les nuages.

DYNASTIE.	EMPEREUR.	RÈGNE.	AN.	LUNE.	JOUR.	SIGNE CYCLIQUE.	AN. ap.J.C.	MOIS SOL.	JOUR.	LIEU.	CAN. OPP.
明 Ming	神 宗 Chen Tsong	萬 曆 Wan-li	25	[6] 8	[0] 1	己 未 [0] 56, Ki-wei	1597	9	11	*Lat. 39° 57' Long. 116° 29'* 直 隸 順 天 府 Tche-li Choen-t'ien F.	6655
,,	,, ,,	,, ,,	31	4	1	丁 亥 24, Ting-hai	1603	5	11	,, ,,	6669
,,	,, ,,	,, ,,	32	4	1	辛 巳 18, Sin-se	1604	4	29	,, ,,	6671
,,	,, ,,	,, ,,	38	11	1	壬 寅 39, Jen-yn	1610	12	15	,, ,,	6685
,,	,, ,,	,, ,,	40	5	1	甲 午 31, Kia-ou	1612	5	30	,, ,,	6688
,,	,, ,,	,, ,,	43	3	1	丁 未 44, Ting-wei	1615	3	29	,, ,,	6696
,,	,, ,,	,, ,,	44	3	1	辛 未 8, Sin-wei	1616	4	16	,, ,,	0
,,	,, ,,	,, ,,	45	[5] 7	1	癸 酉　癸 亥 [10, Koei-yeou] 60, Koei-hai	1617	8	1	,, ,,	6702
,,	熹 宗 Hi Tsong	天 啟 T'ien-k'i	1	4	1	壬 申 9, Jen-chen	1621	5	21	,, ,,	6711
,,	,, ,,	,, ,,	6	7	1	辛 未 8, Sin-wei (1)	1626	8	22	,, ,,	6724
,,						庚 午 7, *Keng-ou*	,,	8	21		
,,	莊 烈 帝 Tchoang-lié Ti	崇 禎 Tch'ong-tchen	2	5	1	乙 酉 22, Y-yeou	1629	6	21	,, ,,	6730

(1) Cette éclipse fut dissimulée par les nuages.

DYNASTIE.	EMPEREUR.	RÈGNE.	AN.	LUNE.	JOUR.	SIGNE CYCLIQUE.	AN. ap.J.C.	MOIS SOL.	JOUR.	LIEU.	CAN. OPP.
										Lat. 39° 57' Long. 116° 29'	
明 Ming	莊 烈 帝 Tchoang-lié Ti	崇 禎 Tch'ong-tchen	4	10	1	辛 丑 38, Sin-tch'eou	1631	10	25	直 隸 順 天 府 Tche-li Choen-t'ien F.	6736
,,	,, ,,	,, ,,	7	3	1	丁 亥 24, Ting-hai	1634	3	29	,, ,,	6742
,,	,, ,,	,, ,,	10	1	1	辛 丑 38, Sin-tch'eou	1637	1	26	,, ,,	6749
,,	,, ,,	,, ,,	,,	10	0	0	,,	11-12		,, ,,	0
,,	,, ,,	,, ,,	13	10	[0] 1	辛 卯 戊 申 [28, Sin-mao] 45, Meou-chen	1640	11	13	,, ,,	6759
,,	,, ,,	,, ,,	14	10	1	癸 卯 40, Koei-mao	1641	11	3	,, ,,	6761
,,	,, ,,	,, ,,	16	2	1	乙 丑 2, Y-tch'eou	1643	3	20	,, ,,	6766
大 淸 Ta Ts'ing	世 祖 Che Tsou	順 治 Choen-tche	1	8	1	丙 辰 53, Ping-tch'en	1644	9	1	,, ,,	6769
,,	,, ,,	,, ,,	2	12	1	己 卯 16, Ki-mao (1)	1646	1	17	,, ,,	
						戊 寅 *15, Meou-yn*	,,	1	16		6772
,,	,, ,,	,, ,,	5	5	1	乙 丑 2, Y-tch'eou	1648	6	21	,, ,,	6777
,,	,, ,,	,, ,,	7	10	1	辛 巳 18, Sin-se	1650	10	25	,, ,,	6784

12   (1) Cette éclipse fut dissimulée par les nuages.

DYNASTIE.	EMPEREUR.	RÈGNE.	AN.	LUNE.	JOUR.	SIGNE CYCLIQUE.	AN. ap. J.-C.	MOIS SOL.	JOUR.	LIEU.	CAN. OPP.
大 清 Ta Ts'ing	世 祖 Che Tsou	順 治 Choen-tche	14	5	1	癸 卯 40, Koei-mao	1657	6	12	*Lat. 39° 57' Long. 110° 20'* 直 隸 順 天 府 Tche-li Choen-t'ien F.	
						壬 寅 39, Jen-yn	,,	6	11		6802
,,	,, ,,	,, ,,	15	5	1	丁 酉 34, Ting-yeou	1658	6	4	,, ,,	6804
,,	聖 祖 Cheng Tsou	康 熙 K'ang-hi	3	12	1	戊 午 55, Meou-ou	1665	1	16	,, ,,	6821
,,	,, ,,	,, ,,	5	6	1	庚 戌 47, Keng-siu	1666	7	2	,, ,,	6824
,,	,, ,,	,, ,,	8	4	1	癸 亥 60, Koei-hai	1669	4	30	,, ,,	6832
,,	,, ,,	,, ,,	10	8	1	己 卯 16, Ki-mao	1671	9	3	,, ,,	6838
,,	,, ,,	,, ,,	15	5	1	壬 午 19, Jen-ou	1676	6	11	,, ,,	6850
,,	,, ,,	,, ,,	20	8	1	辛 巳 18, Sin-se	1681	9	12	,, ,,	6862
,,	,, ,,	,, ,,	24	11	1	丁 巳 54, Ting-se	1685	11	26	,, ,,	6873
,,	,, ,,	,, ,,	27	4	1	癸 卯 40, Koei-mao	1688	4	30	,, ,,	6879
,,	,, ,,	,, ,,	29	8	1	己 未 56, Ki-wei	1690	9	3	,, ,,	6886

DYNASTIE.	EMPEREUR.	RÈGNE.	AN.	LUNE.	JOUR.	SIGNE CYCLIQUE.	AN. ap.J.C.	MOIS SOL.	JOUR.	LIEU.	CAN. OPP.
										Lat. 39° 57' Long. 116° 20'	
大 清 Ta Ts'ing	聖 祖 Cheng Tsou	康 熙 K'ang-hi	30	2	1	丁 巳 54, Ting-se	1691	2	28	直 隸 順 天 府 Tche-li Choen-t'ien F.	6887
,,	,, ,,	,, ,,	31	1	1	辛 亥 48, Sin-hai	1692	2	17	,, ,,	6889
,,	,, ,,	,, ,,	34	11	1	己 未 56, Ki-wei	1695	12	6	,, ,,	6898
,,	,, ,,	,, ,,	36	3bis	1	辛 巳 18, Sin-se	1697	4	21	,, ,,	6903
,,	,, ,,	,, ,,	43	11	1	丁 酉 34, Ting-yeou	1704	11	27	,, ,,	6921
,,	,, ,,	,, ,,	45	4	1	戊 子 25, Meou-tse	1706	5	12	,, ,,	6924
,,	,, ,,	,, ,,	47	8	1	甲 辰 41, Kia-tch'en	1708	9	14	,, ,,	6931
,,	,, ,,	,, ,,	48	8	1	己 亥 36, Ki-hai	1709	9	4	,, ,,	6933
,,	,, ,,	,, ,,	51	6	1	癸 亚 50, Koei-tch'eou	1712	7	4	,, ,,	6940
						壬 子 49, *Jen-tse*	,,	7	3		6940
,,	,, ,,	,, ,,	54	4	1	丙 寅 3, Ping-yn	1715	5	3	,, ,,	6048
,,	,, ,,	,, ,,	58	1	1	甲 戌 11, Kia-siu	1719	2	19	,, ,,	6958

DYNASTIE.	EMPEREUR.	RÈGNE.	AN.	LUNE.	JOUR.	SIGNE CYCLIQUE.	AN. ap. J.C.	MOIS SOL.	JOUR.	LIEU.	CAN. OPP.
大 清 Ta Ts'ing	聖 祖 Cheng Tsou	康 熙 K'ang-hi	59	7	1	丙 寅 3, Ping-yn	1720	8	4	Lat. 39° 57' Long. 116° 29' 直 隸 順 天 府 Tche-li Choen-t'ien F.	6961
,,	,, ,,	,, ,,	60	6bis	1	庚 申 57, Keng-chen	1721	7	24	,, ,,	6963
,,	世 宗 Che Tsong	雍 正 Yong-tcheng	8	6	1	戊 戌 35, Meou-siu	1730	7	15	,, ,,	6987
,,	,, ,,	,, ,,	9	12	1	庚 寅 27, Keng-yn	1731	12	29	,, ,,	6990
,,	高 宗 Kao Tsong	乾 隆 K'ien-long	7	5	1	己 未 56, Ki-wei	1742	6	3	,, ,,	7016
,,	,, ,,	,, ,,	10	3	1	癸 酉 10, Koei-yeou	1745	4	2	,, ,,	7024
,,	,, ,,	,, ,,	11	3	1	丁 卯 4, Ting-mao	1746	3	22	,, ,,	7026
,,	,, ,,	,, ,,	12	7	1	己 丑 26, Ki-tch'eou	1747	8	6	,, ,,	7030
,,	,, ,,	,, ,,	16	5	1	丁 酉 34, Ting-yeou	1751	5	25	,, ,,	7040
,,	,, ,,	,, ,,	23	12	1	癸 丑 50, Koei-tch'eou	1758	12	30	,, ,,	7059
,,	,, ,,	,, ,,	25	5	1	甲 辰 41, Kia-tch'en	1760	6	13	,, ,,	7062
,,	,, ,,	,, ,,	27	9	1	庚 申 57, Keng-chen	1762	10	17	,, ,,	7069

DYNASTIE.	EMPEREUR.	RÈGNE.	AN.	LUNE.	JOUR.	SIGNE CYCLIQUE.	AN. ap.J.C.	MOIS SOL.	JOUR.	LIEU.	CAN. OPP.
大 淸 Ta Ts'ing	高 宗 Kao Tsong	乾 隆 K'ien-long	28	9	1	乙 卯 52, Y-mao	1763	10	7	*Lat. 39° 57' Long. 116° 29'* 直 隸 順 天 府 Tche-li Choen-t'ien F.	7071
,,	,, ,,	,, ,,	34	5	1	壬 午 19, Jen-ou	1769	6	4	,, ,,	7086
,,	,, ,,	,, ,,	35	5	1	丁 丑 14, Ting-tch'eou	1770	5	25	,, ,,	7088
,,	,, ,,	,, ,,	38	3	1	庚 寅 27, Keng-yn	1773	3	23	,, ,,	7096
,,	,, ,,	,, ,,	39	8	1	壬 午 19, Jen-ou	1774	9	6	,, ,,	7099
,,	,, ,,	,, ,,	40	8	1	丙 子 13, Ping-tse	1775	8	26	,, ,,	7101
,,	,, ,,	,, ,,	,,	12	1	甲 辰 41, Kia-tch'en	1776	1	21	,, ,,	7102
,,	,, ,,	,, ,,	49	7	1	甲 寅 51, Kia-yn	1784	8	16	,, ,,	7125
,,	,, ,,	,, ,,	50	7	1	戊 申 45, Meou-chen	1785	8	5	,, ,,	7127
,,	,, ,,	,, ,,	51	1	1	丙 午 43, Ping-ou	1786	1	30	,, ,,	7128
,,	,, ,,	,, ,,	53	5	1	壬 戌 50, Jen-siu	1788	6	4	,, ,,	7135
,,	,, ,,	,, ,,	54	10	1	癸 丑 50, Koei-tch'eou	1780	11	17	,, ,,	7138

DYNASTIE.	EMPEREUR.	RÈGNE.	AN.	LUNE.	JOUR.	SIGNE CYCLIQUE.	AN. ap. J.C.	MOIS SOL.	JOUR.	LIEU.	CAN. OPP.
大 清 Ta Ts'ing	高 宗 Kao Tsong	乾 隆 K'ien-long	60	1	1	甲 申 21, Kia-chen	1795	1	21	Lat. 39° 57' Long. 116° 29' 直 隸 順 天 府 Tche-li Choen-t'ien F.	7153
,,	仁 宗 Jen Tsong	嘉 慶 Kia-k'ing	1	6	1	乙 亥 12, Y-hai	1796	7	5	,, ,,	
						甲 戌 11, Kia-siu	,,	7	4		7156
,,	,, ,,	,, ,,	3	10	1	辛 卯 28, Sin-mao	1798	11	8	,, ,,	7161
,,	,, ,,	,, ,,	5	4	1	癸 未 20, Koei-wei	1800	4	24	,, ,,	7164
,,	,, ,,	,, ,,	7	8	1	己 亥 30, Ki-hai	1802	8	28	,, ,,	7171
,,	,, ,,	,, ,,	13	10	1	癸 巳 30, Koei-se	1808	11	18	,, ,,	7187
,,	,, ,,	,, ,,	19	6	1	庚 申 57, Keng-chen	1814	7	17	,, ,,	7201
,,	,, ,,	,, ,,	20	6	1	乙 卯 52, Y-mao	1815	7	7	,, ,,	
						甲 寅 51, Kia-yn	,,	7	6		7203
,,	,, ,,	,, ,,	22	4	1	甲 戌 11, Kia-siu	1817	5	16	,, ,,	7207
,,	,, ,,	,, ,,	,,	10	1	辛 未 8, Sin-wei	,,	11	9	,, ,,	7208

DYNASTIE.	EMPEREUR.	RÈGNE.	AN.	LUNE.	JOUR.	SIGNE CYCLIQUE.	AN. ap.J.C.	MOIS SOL.	JOUR.	LIEU.	CAN. OPP.
大 清 Ta Ts'ing	宣 宗 Siuen Tsong	道 光 Tao-koang	1	2	1	壬 午 19, Jen-ou	1821	3	4	Lat. 39° 57' Long. 116° 29' 直 隸 順 天 府 Tche-li Choen-t'ien F.	7217
,,	,, ,,	,, ,,	4	6	1	癸 巳 30, Koei-se	1824	6	27	,, ,,	
						壬 辰 29, *Jen-tch'en*	,,	6	26		7226
,,	,, ,,	,, ,,	7	4	1	丙 午 43, Ping-ou	1827	4	26	,, ,,	7233
,,	,, ,,	,, ,,	8	3	1	庚 子 37, Keng-tse	1828	4	14	,, ,,	7235
,,	,, ,,	,, ,,	,,	9	1	戊 戌 35, Meou-siu	,,	10	9	,, ,,	7236
,,	,, ,,	,, ,,	9	9	1	壬 辰 29, Jen-tch'en	1829	9	28	,, ,,	7238
,,	,, ,,	,, ,,	13	6	1	庚 子 37, Keng-tse	1833	7	17	,, ,,	7248
,,	,, ,,	,, ,,	20	2	1	壬 戌 59, Jen-siu	1840	3	4	,, ,,	7263
,,	,, ,,	,, ,,	22	6	1	戊 寅 15, Meou-yn	1842	7	8	,, ,,	7270
,,	,, ,,	,, ,,	23	11	1	己 巳 6, Ki-se	1843	12	21	,, ,,	7273
,,	,, ,,	,, ,,	27	9	1	丁 丑 14, Ting-tch'eou	1847	10	9	,, ,,	7282

DYNASTIE.	EMPEREUR.	RÈGNE.	AN.	LUNE.	JOUR.	SIGNE CYCLIQUE.	AN. ap.J.C.	MOIS SOL.	JOUR.	LIEU.	GAN. OPP.
大 淸 Ta Ts'ing	宣 宗 Siuen Tsong	道 光 Tao-koang	29	2	1	庚 子 37, Keng-tse	1849	2	23	Lat. 39°57' Long. 116°29' 直 隷 順 天 府 Tche-li Choen-t'ien F.	7287
,,	,, ,,	,, ,,	30	1	1	甲 午 31, Kia-ou	1850	2	12	,, ,,	7289
,,	文 宗 Wen Tsong	咸 豐 Hien-fong	2	11	1	丁 未 44, Ting-wei	1852	12	11	,, ,,	7295
,,	,, ,,	,, ,,	6	9	1	乙 卯 52, Y-mao	1856	9	29	,, ,,	7303
,,	,, ,,	,, ,,	7	8	1	己 酉 46, Ki-yeou	1857	9	18	,, ,,	7305
,,	,, ,,	,, ,,	11	6	1	戊 午 55, Mcou-ou	1861	7	8	,, ,,	7315
,,	穆 宗 Mou Tsong	同 治 T'ong-tche	1	11	1	己 酉 46, Ki-yeou	1862	12	21	,, ,,	7319
,,	,, ,,	,, ,,	3	4	1	辛 未 8, Sin-wei	1864	5	6	,, ,,	7322
,,	,, ,,	,, ,,	8	7	1	辛 未 8, Sin-wei	1869	8	8	,, ,,	
						庚 午 7, Keng-ou	,,	8	7		7334
,,	,, ,,	,, ,,	11	5	1	甲 申 21, Kia-chen	1872	6	6	,, ,,	7341

LISTE

DES

ÉCLIPSES DE LUNE.

LISTE DES ÉCLIPSES DE LUNE.

DYNASTIE.	EMPEREUR.	RÈGNE.	AN.	LUNE.	JOUR.	SIGNE CYCLIQUE.	AN. av.J.C.	MOIS SOL.	JOUR. (1)	LIEU.	CAN. OPP.
姬 屬 Ki Tcheou	考 王 K'ao Wang		6				435			*Lat. 34° 43' Long. 112° 28'* 河 南 河 南 府 Ho-nan Ho-nan F.	{1194 {1195
西 漢 Si Han	景 帝 King Ti	後 Heou	3	10			141	11		*Lat. 34° 17' Long. 108° 58'* 陝 西 西 安 府 Chen-si Si-ngan F.	0
							AN. ap.J.C.				
東 漢 Tong Han	光 武 帝 Koang-ou Ti	建 武 Kien-ou	11	6	15	癸 丑 50, Koei-tch'eou	35	8	7	*Lat. 34° 43' Long. 112° 28'* 河 南 河 南 府 Ho-nan Ho-nan F.	1917
,,	,, ,,	,, ,,	,,	12	15	辛 亥 48, Sin-hai	36	2	1	,, ,,	
						庚 戌 47, *Keng-siu*	,,	1	31		1918
,,	,, ,,	,, ,,	26	[2] 3	15	戊 子 25, Meou-tse	56	4	25	,, ,,	1941
,,	桓 帝 Hoan Ti	永 壽 Yong-cheou	3	[12] 11	15	壬 戌 59, Jen siu	158	1	2	,, ,,	2110

(1) En style julien.

EXPLICATION DES ABRÉVIATIONS ET DES SIGNES.

Can. Opp. = Canon der mondfinsternisse von Th. Ritter V. Oppolzer.

F. = F u 府, Préfecture. — †. indique une date fausse.

DYNASTIE.	EMPEREUR.	RÈGNE.	AN.	LUNE.	JOUR.	SIGNE CYCLIQUE.	AN. ap. J.C.	MOIS SOL.	JOUR.	LIEU.	CAN. OPP.
東漢 Tong Han	桓帝 Hoan Ti	延熹 Yen-hi	8	1	15	辛巳 18, Sin-se	165	2	13	Lat. 34° 43' Long. 112° 28' 河南河南府 Ho-nan Ho-nan F.	2121
前魏 Ts'ien Wei	少帝 Chao Ti	正始 Tcheng-che	4	5	16	丁丑 14, Ting-tch'eou	243	6	20	,,　　　,,	
						丙子 13. Ping-tse	,,	6	19		2240
西晉 Si Tsin	懷帝 Hoai Ti	永嘉 Yong-kia	5	3	15	壬申 9, Jen-chen	311	4	19	,,　　　,,	2339
東晉 Tong Tsin	穆帝 Mou Ti	永和 Yong-houo	2	4	16	己酉 46, Ki-yeou	346	5	22	Lat. 32° 05' Long. 118° 47' 江蘇江寧府 Kiang-sou Kiang-ning F.	
						戊申 45. Meou-chen	,,	5	21		2301
北魏 Pé Wei	獻文帝 Hien-wen Ti	皇興 Hoang-hing	1	10	15	癸巳 30, Koei-se	467	11	27	Lat. 40° 06' Long. 113° 13' 山西大同府 Chan-si Ta-t'ong F.	2581
,,	孝文帝 Hiao-wen Ti	延興 Yen-hing	3	12	16	戊午 55, Meou-ou	474	1	19	Lat. 34° 43' Long. 112° 28' 河南河南府 Ho-nan Ho-nan F.	2590
,,	,,　　,,	太和 T'ai-houo	2	9	16	庚申 57, Keng-chen	478	10	27	,,　　　,,	2599

DYNASTIE.	EMPEREUR.	RÈGNE.	AN.	LUNE.	JOUR.	SIGNE CYCLIQUE.	AN. ap. J.C.	MOIS SOL.	JOUR.	LIEU.	CAN. OPP.
北 魏 Pé Wei	孝 文 帝 Hiao-wen Ti	太 和 T'ai-houo	6	1	16	辛 未 8, Sin-wei	482	2	19	*Lat. 34° 43' Long. 112° 28'* 河 南 河 南 府 Ho-nan Ho-nan F.	2604
,,	,, ,,	,, ,,	,,	7	15	丁 卯 4, Ting-mao	,,	8	14	,, ,,	2605
南 齊 Nan Ts'i	武 帝 Ou Ti	永 明 Yong-ming	2	4	15	丁 巳 54, Ting-se	484	5	25	*Lat. 32° 05' Long. 118° 47'* 江 蘇 江 寧 府 Kiang-sou Kiang-ning F.	0
,,	,, ,,	,, ,,	3	11	15	戊 寅 15, Meou-yn	485	12	7	,, ,,	2611
,,	,, ,,	,, ,,	5	3	15	庚 子 37, Keng-tse	487	4	23	,, ,,	2612
,,	,, ,,	,, ,,	,,	9	16	戊 戌 35, Meou-siu	,,	10	18	,, ,,	2613
,,	,, ,,	,, ,,	6	9	16	癸 巳 30, Koei-se	488	10	7	,, ,,	
						壬 辰 *29, Jen-tch'en*	,,	*10*	*6*		*2615*
北 魏 Pé Wei	孝 文 帝 Hiao-wen Ti	太 和 T'ai-houo	13	2	15	己 丑 26, Ki-tch'cou	489	4	1	*Lat. 34° 43' Long. 112° 28'* 河 南 河 南 府 Ho-nan Ho-nan F.	2616
,,	,, ,,	,, ,,	,,	8	15	丙 戌 23, Ping-siu	,,	9	25	,, ,,	2617

DYNASTIE.	EMPEREUR.	RÈGNE.	AN.	LUNE.	JOUR.	SIGNE CYCLIQUE.	AN. ap.J.C.	MOIS SOL.	JOUR.	LIEU.	CAN. OPP.
南 齊 Nan Ts'i	武 帝 Ou Ti	永 明 Yong-ming	7	10	10	庚 辰 17, Keng-tch'en †	489	11	18	*Lat. 32° 05' Long. 118° 47'* 江 蘇 江 寧 府 Kiang-sou Kiang-ning F.	0
北 魏 Pé Wei	孝 文 帝 Hiao-wen Ti	太 和 T'ai-houo	15	1	16	己 酉 46, Ki-yeou	491	2	10	*Lat. 34° 43' Long. 112° 28'* 河 南 河 南 府 Ho-nan Ho-nan F.	2618
,,	,, ,,	,, ,,	,,	12	16	辛 卯　 癸 卯 [28,Sin-mao]40,Koei-mao	492	1	30	,, ,,	2620
,,	,, ,,	,, ,,	16	6	15	甲 午　 庚 子 [31, Kia-ou] 37, Kia-tse	,,	7	25	,, ,,	2621
南 齊 Nan Ts'i	武 帝 Ou Ti	永 明 Yong-ming	10	12	15	丁 酉 34, Ting-yeou	493	1	18	*Lat. 32° 05' Long. 118° 47'* 江 蘇 江 寧 府 Kiang-sou Kiang-ning F.	2622
北 魏 Pé Wei	孝 文 帝 Hiao-wen Ti	太 和 T'ai-houo	18	4bis	16	庚 申 57, Keng-chen	494	6	5	*Lat. 34° 43' Long. 112° 28'* 河 南 河 南 府 Ho-nan Ho-nan F.	2624
,,	,, ,,	,, ,,	20	10	16	丙 午 43, Ping-ou	496	11	7	,, ,,	2629
,,	,, ,,	,, ,,				乙 巳 42. Y-se	,.	11	6		2629
,,	,, ,,	,, ,,	22	2	15	丁 卯 4, Ting-mao	498	3	23	,, ,,	2630

DYNASTIE.	EMPEREUR.	RÈGNE.	AN.	LUNE.	JOUR.	SIGNE CYCLIQUE.	AN. ap. J.C.	MOIS SOL.	JOUR.	LIEU.	CAN. OPP.
南 齊 Nan Ts'i	明 帝 Ming Ti	永 泰 Yong-t'ai	1	4	12	癸 亥 60, Koei-hai †	498	5	18	*Lat. 32° 05' Long. 118° 47'* 江 蘇 江 寧 府 Kiang-sou Kiang-ning F.	0
北 魏 Pé Wei	孝 文 帝 Hiao-wen Ti	太 和 T'ai-houo	22	2	16	壬 戌 59, Jen-siu	499	3	13	*Lat. 34° 43' Long. 112° 28'* 河 南 河 南 府 Ho-nan Ho-nan F.	2632
南 齊 Nan Ts'i	頂 昏 侯 Tong-hoen Heou	永 元 Yong-yuen	1	8	16	已 未 56, Ki-wei	,,	9	6	*Lat. 32° 05' Long. 118° 47'* 江 蘇 江 寧 府 Kiang-sou Kiang-ning F.	
						戊 午 55, Meou-ou	,,	9	5		2633
北 魏 Pé Wei	寛 武 帝 Siuen-ou Ti	景 明 King-ming	1	1	16	丙 辰 53, Ping-tch'en	500	3	1	*Lat. 34° 43' Long. 112° 28'* 河 南 河 南 府 Ho-nan Ho-nan F.	2634
,,	,, ,,	,, ,,	4	5	16	丁 卯 4, Ting-mao	503	6	25	,, ,,	2639
,,	,, ,,	正 始 Tcheng-che	2	9	15	癸 未 20, Koei-wei	505	10	28	,, ,,	2642
,,	,, ,,	,, ,,	3	3	15	庚 辰 17, Keng-tch'en	506	4	23	,, ,,	2643
,,	,, ,,	永 平 Yong-p'ing	2	1	16	甲 午 31, Kia-ou	509	2	20	,, ,,	2647

DYNASTIE.	EMPEREUR.	RÈGNE.	AN.	LUNE.	JOUR.	SIGNE CYCLIQUE.	AN. ap.J.C.	MOIS SOL.	JOUR.	LIEU.	CAN. OPP.
北魏 Pé Wei	宣武帝 Siuen-ou Ti	永平 Yong-p'ing	3	1	15	戊子 25, Meou-tse	510	2	9	Lat. 34° 43' Long. 112° 28' 河南 河南府 Ho-nan Ho-nan F.	2649
,,	,, ,,	,, ,,	,,	6bis	15	乙酉 22, Y-yeou	,,	8	5	,, ,,	2650
,,	,, ,,	,, ,,	,,	12	15	壬午 19, Jen-ou	511	1	29	,, ,,	2651
,,	,, ,,	延昌 Yen-tch'ang	2	4	16	已亥 36, Ki-hai	513	6	4	,, ,,	2655
,,	,, ,,	,, ,,	,,	10	15	丙申 33, Ping-chen	,,	11	28	,, ,,	2656
,,	,, ,,	,, ,,	3	4	15	癸巳 30, Koei-se	514	5	24	,, ,,	2657
,,	孝明帝 Hiao-ming Ti	熙平 Hi-p'ing	1	8	15	已酉 46, Ki-yeou	516	9	26	,, ,,	2660
,,	,, ,,	,, ,,	2	8	14	癸卯 40, Koei-mao	517	9	15	,, ,,	2662
,,	,, ,,	神龜 Chen-koei	2	12	15	庚申 57, Keng-chen	520	1	20	,, ,,	2665
,,	,, ,,	正光 Tcheng-koang	1	12	15	甲寅 51, Kia-yn	521	1	8	,, ,,	2667
,,	,, ,,	,, ,,	2	[5] 5bis	[0] 15	丁未 壬子 [44, Ting-wei] 49, Jen-tse	,,	7	5	,, ,,	2668
,,	,, ,,	,, ,,	,,	11	15	已酉 46, Ki-yeou	,,	12	29	,, ,,	2669

DYNASTIE.	EMPEREUR.	RÈGNE.	AN.	LUNE.	JOUR.	SIGNE CYCLIQUE.	AN. ap. J.C.	MOIS SOL.	JOUR.	LIEU.	CAN. OPP.
南 梁 Nan Liang	武 帝 Ou Ti	尊 通 P'ou-t'ong	6	3	16	庚 申 57, Keng-chen	525	4	23	*Lat. 32° 05' Long. 118° 47'* 江 蘇 江 寧 府 Kiang-sou Kiang-ning F.	2074
北 魏 Pé Wei	孝 明 帝 Hiao-ming Ti	孝 昌 Hiao-tch'ang	1	9	15	丁 巳 54, Ting-se	525	10	17	*Lat. 34° 43' Long. 112° 28'* 河 南 河 南 府 Ho-nan Ho-nan F.	2675
,,	孝 莊 帝 Hiao-tchoang Ti	永 安 Yong-ngan	2	10	16	甲 子 1, Kia-tse	529	12	2	,, ,,	0
,,	東 海 王 Tong-hai Wang	建 明 Kien-ming	1	5	10	甲 申 21, Kia-chen †	530	6	20	,, ,,	0
,,	安 定 王 Ngan-ting Wang	中 興 Tchong-hing	1	5	15	甲 申 21, Kia-chen	531	6	15	,, ,,	2683
,,	,, ,,	,, ,,	2	4	15	戊 寅 15, Meou-yn	532	6	3	,, ,,	2685
,,	,, ,,	,, ,,	,,	10	16	丙 子 13, Ping-tse	,,	11	28	,, ,,	2686
,,	孝 武 帝 Hiao-ou Ti	永 熙 Yong-hi	3	3	16	戊 戌 35, Meou-siu	534	4	14	,, ,,	2687
東 魏 Tong Wei	孝 靜 帝 Hiao-tsing Ti	天 平 T'ien-p'ing	3	2	16	丁 亥 24, Ting-hai	536	3	23	*Lat. 36° 07' Long. 114° 30'* 河 南 彰 德 府 Ho-nan Tchang-té F.	2691
,,	,, ,,	,, ,,	,,	8	15	癸 未 20, Koei-wei	,,	9	15	,, ,,	2692

14

DYNASTIE.	EMPEREUR.	RÈGNE.	AN.	LUNE.	JOUR.	SIGNE CYCLIQUE.	AN. ap.J.C.	MOIS SOL.	JOUR.	LIEU.	CAN. OPP.
東 魏 Tong Wei	孝 靜 帝 Hiao-tsing Ti	元 象 Yuen-siang	1	6	16	癸 卯 40, Koei-mao	538	7	27	Lat. 36° 07' Long. 114° 30' 河 南 彰 德 府 Ho-nan Tchang-té F.	2694
,,	,, ,,	興 和 Hing-houo	1	12	15	甲 午 31, Kia-ou	539	1	9	,, ,,	2697
,,	,, ,,	,, ,,	3	4	15	壬 辰　　丙 辰 [29, Jen-tch'en] 53, Ping- 丙 午 [tch'en	541	5	25	,, ,,	2698
,,	,, ,,	武 定 Ou-ting	1	3	16	43, Ping-ou	543	5	5	,, ,,	
						乙 巳 42, Y-se	,,	5	4		2702
,,	,, ,,	,, ,,	7	11	16	丁 卯 4, Ting-mao	549	12	20	,, ,,	2712
陳 Tch'en	宣 帝 Siuen Ti	太 建 T'ai-kien	3	9	15	庚 申 57, Keng-chen	571	10	19	Lat. 32° 05' Long. 118° 47' 江 蘇 江 寧 府 Kiang-sou Kiang-ning F.	
						己 未 55, Ki-wei	,,	10	18		2747
北 周 Pé Tcheou	武 帝 Ou Ti	宣 政 Siuen-tcheng	1	1	8	丙 子 13, Ping-tse †	578	1	31	Lat. 34° 17' Long. 108° 58' 陝 西 西 安 府 Chen-si Si-ngan F.	0
唐 T'ang	肅 宗 Sou Tsong	乾 元 K'ien-yuen	2	2	15	壬 子 49, Jen-tse	759	3	18	,, ,,	3043

DYNASTIE.	EMPEREUR.	RÈGNE.	AN.	LUNE.	JOUR.	SIGNE CYCLIQUE.	AN. ap. J.C.	MOIS SOL.	JOUR.	LIEU.	CAN. OPP.
後 梁 Heou Liang	太 祖 T'ai Tsou	開 平 K'ai-p'ing	4	12	14	庚 午 7, Keng-ou	911	1	17	*Lat. 34° 43' Long. 112° 28'* 河 南 河 南 府 Ho-nan Ho-nan F.	3274
,,	末 帝 Mou Ti	乾 化 K'ien-hoa	3	3	15	戊 申 戊 午 [45, Meou-chen] 55, Meou-ou	913	4	24	,,　　,,	0
,,	,, ,,	,, ,,	,,	9	15	甲 辰 甲 寅 [41, Kia-tch'en] 51, Kia-yn	,,	10	17	,,　　,,	0
後 唐 Heou T'ang	莊 宗 Tchoang Tsong	同 光 T'ong-koang	3	3	16	戊 申 45, Meou-chen	925	4	11	,,　　,,	3295
,,	,, ,,	,, ,,	,,	9	14	甲 辰 41, Kia-tch'en	,,	10	4	,,　　,,	3296
,,	明 宗 Ming Tsong	天 成 T'ien-tch'eng	3	12	14	乙 卯 52, Y-mao	929	1	27	,,　　,,	3301
,,	,, ,,	,, ,,	4	6	16	癸 丑 50, Koei-tch'eou	,,	7	24	,,　　,,	3302
,,	,, ,,	,, ,,	,,	12	15	庚 戌 47, Keng-siu	930	1	17	,,　　,,	3303
後 晉 Heou Tsin	高 祖 Kao Tsou	天 福 T'ien-fou	2	7	16	丙 寅 3, Ping-yn	937	8	24	*Lat. 34° 52' Long. 114° 33'* 河 南 開 封 府 Ho-nan K'ai-fong F.	3315
,,	,, ,,	,, ,,	5	11	16	丁 丑 14, Ting-tch'eou	940	12	17	,,　　,,	3321
,,	出 帝 Tch'ou Ti	開 運 K'ai-yun	1	3	16	戊 子 25, Meou-tse	944	4	11	,,　　,,	3325

DYNASTIE.	EMPEREUR.	RÈGNE.	AN.	LUNE.	JOUR.	SIGNE CYCLIQUE.	AN. ap.J.C.	MOIS SOL.	JOUR.	LIEU.	CAN. OPP.
後 晉 Heou Tsin	出 帝 Tch'ou Ti	開 運 K'ai-yun	1	9	16	乙 酉 22, Y-yeou	944	10	5	*Lat. 34° 52' Long. 114° 33'* 河 南 開 封 府 Ho-nan K'ai-fong F.	
						甲 申 *21, Kia-chen*	,,	10	4		*3326*
					17	丙 戌 23, Ping-siu	,,	10	6	,, ,,	0
後 漢 Heou Han	高 祖 Kao Tsou	天 福 T'ien-fou	12	12	15	乙 未 32, Y-wei	948	1	28	,, ,,	3330
後 周 Heou Tcheou	世 宗 Che Tsong	顯 德 Hien-té	3	12	15	癸 酉 10, Koei-yeou	957	1	18	,, ,,	3344
遼 Liao	穆 宗 Mou Tsong	應 曆 Yng-li	17	11	16	庚 子 37, Keng-tse (1)	967	12	19	*Lat. 39° 57' Long. 116° 29'* 直 隸 順 天 府 Tche-li Choen-t'ien F.	0
北 宋 Pé Song	太 祖 T'ai Tsou	開 寶 K'ai-pao	1	11	11	庚 寅 27, Keng-yn †	968	11	23	*Lat. 34° 52' Long. 114° 33'* 河 南 開 封 府 Ho-nan K'ai-fong F.	0
,,	,, ,,	,, ,,	2	10	14	戊 子 25, Meou-tse	969	11	26	,, ,,	3363
,,	,, ,,	,, ,,	3	4	15	乙 酉 22, Y-yeou	970	5	22	,, ,,	
						丙 戌 *23, Ping-siu*	,,	5	23		*3364*

(1) Cette éclipse annoncée n'eut pas lieu.

DYNASTIE.	EMPEREUR.	RÈGNE.	AN.	LUNE.	JOUR.	SIGNE CYCLIQUE.	AN. ap.J.C.	MOIS SOL.	JOUR.	LIEU.	CAN. OPP.
北 宋 Pé Song	太 祖 T'ai Tsou	開 寳 K'ai-pao	5	8	15	壬 寅 39, Jen-yn	972	9	25	*Lat. 34° 52' Long. 114° 33'* 河 南 開 封 府 Ho-nan K'ai-fong F.	3367
,,	,, ,,	,, ,,	7	8	15	庚 寅 27, Keng-yn (1)	974	9	3	,, ,,	0
,,	太 宗 T'ai Tsong	太 平 興 國 T'ai-p'ing-hing-kouo	2	6	14	甲 辰 41, Kia-tch'en	977	7	3	,, ,,	3374
,,	,, ,,	,, ,,	,,	11	16	壬 寅 39, Jen-yn	,,	12	28	,, ,,	0
,,	,, ,,	,, ,,	3	10	14	丙 寅 3, Ping-yn (2)	078	11	17	,, ,,	0
,,	,, ,,	,, ,,	5	[8] 9	15	乙 卯 52, Y-mao	980	10	26	,, ,,	3378
,,	,, ,,	雍 熙 Yong-hi	1	1	15	丙 寅 3, Ping-yn	084	2	19	,, ,,	3383
,,	,, ,,	,, ,,	2	7	15	戊 午 55, Meou-ou (3)	985	8	4	,, ,,	
						丁 巳 *54. Ting-se*	,,	8	3		*3386*
,,	,, ,,	,, ,,	4	5	16	丁 丑 14, Ting-tch'eou	987	6	14	,, ,,	3389
,,	,, ,,	端 拱 Toan-kong	2	3	16	丁 酉 34, Ting-yeou (4)	089	4	24	,, ,,	0
,,	,, ,,	淳 化 Choen-hoa	1	3	15	庚 寅 27, Keng-yn	990	4	12	,, ,,	3393

(1) Cette éclipse annoncée n'eut pas lieu. — (2) Cette éclipse fut dissimulée par les nuages. — (3) (4) Cette éclipse annoncée n'eut pas lieu.

DYNASTIE.	EMPEREUR.	RÈGNE.	AN.	LUNE.	JOUR.	SIGNE CYCLIQUE.	AN. ap.J.C.	MOIS SOL.	JOUR.	LIEU.	CAN. OPP.
北 宋 Pé Song	太 宗 T'ai Tsong	淳 化 Choen-hoa	2	8	16	壬 午 19, Jen-ou	991	9	26	Lat. 34° 52' Long. 114° 33' 河 南 開 封 府 Ho-nan K'ai-fong F.	3396
,,	,, ,,	,, ,,	3	[1] 2	15	癸 卯　　己 卯 [40, Koei-mao] 16, Ki-mao	992	3	21	,, ,,	3397
,,	,, ,,	,, ,,	,,	8	15	丙 子 12, Ping-tse (1)	,,	9	14	,, ,,	3398
,,	,, ,,	,, ,,	5	6	14	乙 未 32, Y-wei	994	7	25	,, ,,	3400
,,	,, ,,	,, ,,	,,	12	16	癸 巳 30, Koei-se	995	1	19	,, ,,	3401
,,	,, ,,	至 道 Tche-tao	1	6	14	己 丑 26, Ki-tch'eou (2)	,,	7	14	,, ,,	3402
,,	,, ,,	,, ,,	,,	12	15	丁 亥 24, Ting-hai	996	1	8	,, ,,	0
,,	,, ,,	,, ,,	2	10	14	辛 亥 48, Sin-hai	,,	11	27	,, ,,	0
,,	眞 宗 Tchen Tsong	咸 平 Hien-p'ing	1	10	15	庚 子 37, Keng-tse	998	11	6	,, ,,	3406
,,	,, ,,	,, ,,	2	9	16	乙 未 32, Y-wei	999	10	27	,, ,,	3408
,,	,, ,,	,, ,,	3	2	14	壬 戌 59, Jen-siu	1000	3	22	,, ,,	0
,,	,, ,,	,, ,,	,,	8	16	庚 申 57, Keng-chen	,,	9	16	,, ,,	0

(1) (2) Cette éclipse fut dissimulée par les nuages.

DYNASTIE.	EMPEREUR.	RÈGNE.	AN.	LUNE.	JOUR.	SIGNE CYCLIQUE.	AN. ap.J.C.	MOIS SOL.	JOUR.	LIEU.	CAN. OPP.
										Lat. 34° 52' Long. 114° 33'	
北 宋 Pé Song	眞 宗 Tchen Tsong	咸 平 Hien-p'ing	4	8	15	甲 寅 51, Kia-yn	1001	9	5	河 南 開 封 府 Ho-nan K'ai-fong F.	3410
,,	,, ,,	,, ,,	5	1	15	辛 亥 48, Sin-hai	1002	3	1	,, ,,	3411
,,	,, ,,	,, ,,	,,	7	15	戊 申 45, Meou-chen	,,	8	25	,, ,,	3412
,,	,, ,,	,, ,,	6	1	14	甲 辰 41, Kia-tch'en	1003	2	17	,, ,,	
						丙 午 43. Ping-ou	,,	2	10		3413
,,	,, ,,	,, ,,	,,	7	14	壬 寅 39, Jen-yn	,,	8	14	,, ,,	3414
,,	,, ,,	景 德 King-té	1	11	15	乙 丑 2, Y-tch'eou	1004	12	29	,, ,,	3416
,,	,, ,,	,, ,,	2	5	15	壬 戌 59, Jen-siu	1005	6	24	,, ,,	3417
,,	,, ,,	,, ,,	,,	10	15	庚 寅 27, Keng-yn	,,	11	19	,, ,,	0
,,	,, ,,	,, ,,	3	11	14	癸 丑 50, Koei-tch'eou	1006	12	7	,, ,,	3420
,,	,, ,,	,, ,,	4	5	16	辛 亥 48, Sin-hai (1)	1007	6	3	,, ,,	0
,,	,, ,,	,, ,,	,,	9	15	戊 寅 15, Meou-yn (2)	,,	10	28	,, ,,	0

(1) Cette éclipse fut dissimulée par les nuages.

(2) Cette éclipse annoncée n'eut pas lieu.

DYNASTIE.	EMPEREUR.	RÈGNE.	AN.	LUNE.	JOUR.	SIGNE CYCLIQUE.	AN. ap.J.C.	MOIS SOL.	JOUR.	LIEU.	CAN. OPP.
北宋 Pé Song	真宗 Tchen Tsong	大中祥符 Ta-tchong-siang-fou	1	9	16	癸 酉 10, Koei-yeou	1008	10	17	Lat. 34° 52' Long. 114° 33' 河南開封府 Ho-nan K'ai-fong F.	3422
,,	,, ,,	,, ,,	2	9	16	丁 卯 4, Ting-mao (1)	1009	10	6	,, ,,	3424
,,	,, ,,	,, ,,	3	2bis	14	甲 子 1, Kia-tse	1010	4	1	,, ,,	3425
,,	,, ,,	,, ,,	5	1	16	甲 申 21, Kia-chen (2)	1012	2	10	,, ,,	3427
,,	,, ,,	,, ,,	,,	7	14	庚 辰 17, Keng-tch'en	,,	8	4	,, ,,	3428
,,	,, ,,	,, ,,	,,	12	14	丁 丑 14, Ting-tch'eou	1013	1	28	,, ,,	
						戊 寅 *15. Meou-yn*	,,	1	29		3429
,,	,, ,,	,, ,,	8	10	14	辛 卯 28, Sin-mao	1015	11	28	,, ,,	3433
,,	,, ,,	,, ,,	9	4	16	己 丑 26, Ki-tch'eou (3)	1016	5	24	,, ,,	3434
,,	,, ,,	天 禧 T'ien-hi	1	4	14	壬 午 19, Jen-ou	1017	5	12	,, ,,	
						癸 未 *20. Koei-wei*	,,	5	13		3436
,,	,, ,,	,, ,,	,,	10	15	庚 辰 17, Keng-tch'en	,,	11	6	,, ,,	3437

(1) Cette éclipse annoncée n'eut pas lieu.

(2) (3) Cette éclipse fut dissimulée par les nuages.

DYNASTIE.	EMPEREUR.	RÈGNE.	AN.	LUNE.	JOUR.	SIGNE CYCLIQUE.	AN. ap.J.C.	MOIS SOL.	JOUR.	LIEU.	CAN. OPP.
										Lat. 34° 52' Long. 114° 33'	
北 宋 Pé Song	眞 宗 Tchen Tsong	天 禧 T'ien hi	3	2	14	壬 寅 39, Jen-yn	1019	3	28	河 南 開 封 府 Ho-nan K'ai-fong F.	3438
,,	,, ,,	,, ,,	4	8	14	癸 巳 30, Koei-se	1020	9	4	,, ,,	3441
,,	仁 宗 Jen Tsong	天 聖 T'ien-cheng	2	5	16	壬 寅 39, Jen-yn (1)	1024	6	24	,, ,,	3448
,,	,, ,,	,, ,,	4	5	13	戊 子 25, Meou-tse	1026	5	31	,, ,,	0
,,	,, ,,	慶 曆 K'ing-li	2	6	16	丁 亥 24, Ting-hai	1042	7	5	,, ,,	3476
,,	,, ,,	,, ,,	5	4	14	庚 子 37, Keng-tse	1045	5	3	,, ,,	3480
,,	,, ,,	,, ,,	,,	9	16	戊 戌 35, Meou-siu (2)	,,	10	28	,, ,,	3481
,,	,, ,,	,, ,,	6	9	15	壬 辰 29, Jen-tch'en	1046	10	17	,, ,,	3483
,,	,, ,,	皇 祐 Hoang-yeou	2	7	15	庚 子 37, Keng-tse	1050	8	5	,, ,,	3488
,,	,, ,,	,, ,,	4	11	15	丙 辰 53, Ping-tch'en	1052	12	8	,, ,,	3492
,,	,, ,,	,, ,,	5	10	16	辛 亥 48, Sin-hai	1053	11	28	,, ,,	3494
,,	,, ,,	至 和 Tche-houo	2	9	15	庚 午 7, Keng-ou	1055	10	8	,, ,,	3496

15   (1) Cette éclipse annoncée n'eut pas lieu.   (2) Cette éclipse fut dissimulée par les nuages.

DYNASTIE.	EMPEREUR.	RÈGNE.	AN.	LUNE.	JOUR.	SIGNE CYCLIQUE.	AN. ap.J.C.	MOIS SOL.	JOUR.	LIEU.	CAN. OPP.
北 宋 Pé Song	仁 宗 Jen Tsong	嘉 祐 Kia-yeou	1	8	15	甲 子 1, Kia-tse	1056	9	26	*Lat. 34° 52' Long. 114° 33'* 河 南 開 封 府 Ho-nan K'ai-fong F.	3498
,,	,, . ,,	,, ,,	2	2	16	壬 戌 59, Jen-siu	1057	3	23	,, ,,	3499
,,	,, ,,	,, ,,	,,	8	14	戊 午 55, Meou-ou	,,	9	15	,, ,,	3500
,,	,, ,,	,, ,,	3	12bis	15	辛 巳 18, Sin-se	1059	1	31	,, ,,	3501
,,	,, ,,	,, ,,	4	6	16	戊 寅 15, Meou-yn	1059	7	27	,, ,,	3502
,,	,, ,,	,, ,,	,,	12	14	乙 亥 12, Y-hai	1060	1	20	,, ,,	3503
,,	,, ,,	,, ,,	5	12	14	己 巳 6, Ki-se	1061	1	8	,, ,,	3505
,,	,, ,,	,, ,,	7	10	16	己 丑 26, Ki-tch'eou	1062	11	19	,, ,,	3507
,,	,, ,,	,, ,,	8	10	16	癸 未 20, Koei-wei	1063	11	8	,, ,,	3509
,,	英 宗 Yng Tsong	治 平 Tche-p'ing	1	4	14	庚 辰 17, Keng-tch'en	1064	5	3	,, ,,	3510
,,	,, ,,	,, ,,	4	2	15	甲 午 31, Kia-ou	1067	3	3	,, ,,	3514
,,	神 宗 Chen Tsong	熙 寧 Hi-ning	1	7	15	乙 酉 22, Y-yeou	1068	8	15	,, ,,	3517

DYNASTIE.	EMPEREUR.	RÉGNE.	AN.	LUNE.	JOUR.	SIGNE CYCLIQUE.	AN. ap.J.C.	MOIS SOL.	JOUR.	LIEU.	CAN. OPP.
北 宋 Pé Song	神 宗 Chen Tsong	熙 寧 Hi-ning	2	11bis	14	丁 未 44, Ting-wei	1069	12	30	Lat. 34° 52' Long. 114° 33' 河 南 開 封 府 Ho-nan K'ai-fong F.	3518
,,	,, ,,	,, ,,	3	5	16	乙 巳 42, Y-se (1)	1070	6	26	,, ,,	3519
,,	,, ,,	,, ,,	4	5	15	己 亥 36, Ki-hai	1071	6	15	,, ,,	3521
,,	,, ,,	,, ,,	,,	11	15	丙 申 33, Ping-chen	,,	12	9	,, ,,	3522
,,	,, ,,	,, ,,	6	3	15	戊 午 55, Meou-ou	1073	4	24	,, ,,	3523
,,	,, ,,	,, ,,	,,	9	15	乙 卯 52, Y-mao	,,	10	18	,, ,,	3524
,,	,, ,,	,, ,,	7	9	14	己 酉 46, Ki-yeou	1074	10	7	,, ,,	3526
,,	,, ,,	,, ,,	9	1	15	壬 申 0, Jen-chen (2)	1076	2	22	,, ,,	0
,,	,, ,,	,, ,,	10	1	15	丙 寅 3, Ping-yn	1077	2	10	,, ,,	3529
,,	,, ,,	,, ,,	,,	7	15	癸 亥 60, Koei-hai (3)	,,	8	6	,, ,,	3530
,,	,, ,,	元 豐 Yuen-fong	1	1	14	庚 辰 57, Keng-chen	1078	1	30	,, ,,	3531
,,	,, ,,	,, ,,	,,	6	16	戊 午 55, Meou-ou	,,	7	27	,, ,,	3532

(1) (2) (3) Cette éclipse fut dissimulée par les nuages.

DYNASTIE.	EMPEREUR.	RÈGNE.	AN.	LUNE.	JOUR.	SIGNE CYCLIQUE.	AN. ap. J.C.	MOIS SOL.	JOUR.	LIEU.	CAN. OPP.
北 宋 Pé Song	神 宗 Chen Tsong	元 豐 Yuen-fong	2	6	15	壬 子 49, Jen-tse (1)	1079	7	16	Lat. 34° 52' Long. 114° 33' 河 南 開 封 府 Ho-nan K'ai-fong F.	0
,,	,, ,,	,, ,,	3	10	16	甲 戌 11, Kia-siu (2)	1080	11	29	,, ,,	3535
,,	,, ,,	,, ,,	4	4	14	辛 未 8, Sin-wei	1081	5	25	,, ,,	3536
,,	,, ,,	,, ,,	,,	10	16	辛 巳　　己 巳 [18, Sin-se] 6, Ki-se	,,	11	19	,, ,,	3537
,,	,, ,,	,, ,,	5	10	16	癸 亥 60, Koei-hai	1082	11	8	,, ,,	3539
,,	,, ,,	,, ,,	6	8	14	丁 亥 24, Ting-hai (3)	1083	9	28	,, ,,	0
,,	,, ,,	,, ,,	7	2	16	乙 酉 22, Y-yeou (4)	1084	3	24	,, ,,	3540
,,	,, ,,	,, ,,	,,	8	14	辛 巳 18, Sin-se (5)	,,	9	16	,, ,,	3541
,,	,, ,,	,, ,,	8	8	15	丙 子 13, Ping-tse	1085	9	6	,, ,,	3543
,,	哲 宗 Tché Tsong	元 祐 Yuen-yeou	1	12	14	戊 戌 35, Meou-siu (6)	1087	1	21	,, ,,	0
,,	,, ,,	,, ,,	3	6	15	庚 寅 27, Keng-yn	1088	7	6	,, ,,	3547
,,	,, ,,	,, ,,	3	12	15	丁 亥 24, Ting-hai (7)	1088	12	30	,, ,,	3548

(1)(2) Cette éclipse fut dissimulée par les nuages. — (3) Cette éclipse annoncée n'eut pas lieu. — (4)(5)(6)(7) Cette éclipse fut dissimulée par les nuages.

DYNASTIE.	EMPEREUR.	RÈGNE.	AN.	LUNE.	JOUR.	SIGNE CYCLIQUE.	AN. ap.J.C.	MOIS SOL.	JOUR.	LIEU.	CAN. OPP.
北 宋 Pé Song	哲 宗 Tché Tsong	元 祐 Yuen-yeou	4	5	15	甲 申 21, Kia-chen (1)	1089	6	25	Lat. 34° 52' Long. 114° 33' 河 南 開 封 府 Ho-nan K'ai-fong F.	3549
,,	,, ,,	,, ,,	5	5	14	戊 寅 15, Meou-yn (2)	1090	6	14	,, ,,	0
,,	,, ,,	,, ,,	6	4	14	癸 卯 40, Koei-mao (3)	1091	5	5	,, ,,	3551
,,	,, ,,	,, ,,	7	3	15	戊 戌 35, Meou-siu	1092	4	24	,, ,,	3553
,,	,, ,,	,, ,,	8	9	14	已 丑 26, Ki-tch'eou (4)	1093	10	7	,, ,,	3556
,,	,, ,,	紹 聖 Chao-cheng	3	7	16	癸 卯 40, Koei-mao (5)	1096	8	6	,, ,,	3560
,,	,, ,,	,, ,,	4	1	15	庚 子 37, Keng-tse	1097	1	30	,, ,,	3561
,,	,, ,,	元 符 Yuen-fou	1	5	15	壬 戌 59, Jen-siu (6)	1098	6	16	,, ,,	0
,,	,, ,,	,, ,,	2	5	14	丙 辰 53, Ping-tch'en	1099	6	5	,, ,,	3563
,,	,, ,,	,, ,,	,,	10	16	甲 寅 51, Kia-yn	,,	11	30	,, ,,	3564
,,	,, ,,	,, ,,	3	10	15	戊 申 45, Meou-chen	1100	11	18	,, ,,	3566

(1) (2) (3) (4) (5) Cette éclipse fut dissimulée par les nuages.   (6) Cette éclipse annoncée n'eut pas lieu.

DYNASTIE.	EMPEREUR.	RÈGNE.	AN.	LUNE.	JOUR.	SIGNE CYCLIQUE.	AN. ap.J.C.	MOIS SOL.	JOUR.	LIEU.	CAN. OPP.
北 宋 Pé Song	徵 宗 Hoei Tsong	崇 寧 Tch'ong-ning	2	2	15	甲 子 1, Kia-tse	1103	3	24	Lat. 34° 52' Long. 114° 33' 河 南 開 封 府 Ho-nan K'ai-fong F.	
						乙 北 2. Y-tch'eou	,,	3	25		3569
,,	,, ,,	,, ,,	,,	8	15	辛 酉 58, Sin-yeou	,,	9	17	,, ,,	3570
,,	,, ,,	,, ,,	3	2	15	己 未 56, Ki-wei	1104	3	13	,, ,,	3571
,,	,, ,,	,, ,,	,,	8	15	丙 辰 53, Ping-tch'en	,,	9	6	,, ,,	3572
,,	,, ,,	,, ,,	4	12	15	戊 寅 15, Meou-yn	1106	1	21	,, ,,	3573
,,	,, ,,	,, ,,	5	6	15	乙 亥 12, Y-hai	1106	7	17	,, ,,	3574
,,	,, ,,	,, ,,	,,	12	15	壬 申 9. Jen-chen	1107	1	10	,, ,,	
						癸 酉 10, Koei-yeou	,,	1	11		3575
,,	,, ,,	大 觀 Ta-koan	3	10	15	丙 戌 23, Ping-siu	1109	11	9	,, ,,	3579
,,	,, ,,	,, ,,	4	4	16	甲 申 21. Kia-chen	1110	5	6	,, ,,	
						癸 未 20, Koei-wei	,,	5	5		3580

DYNASTIE.	EMPEREUR.	RÈGNE.	AN.	LUNE.	JOUR.	SIGNE CYCLIQUE.	AN. ap. J.C.	MOIS SOL.	JOUR.	LIEU.	CAN. OPP.
北宋 Pé Song	徽宗 Hoei Tsong	大觀 Ta-koan	4	9	15	庚辰 17, Keng-tch'en	1110	10	29	Lat. 34° 52' Long. 114° 33' 河南開封府 Ho-nan K'ai-fong F.	3581
,,	,, ,,	政和 Tcheng-houo	1	3	16	戊寅 15, Meou-yn	1111	4	25	,,　,,	3582
,,	,, ,,	,, ,,	,,	9	14	甲戌 11, Kia-siu	,,	10	18	,,　,,	3583
,,	,, ,,	,, ,,	3	2	15	丁酉 34, Ting-yeou	1113	3	4	,,　,,	3584
,,	,, ,,	,, ,,	,,	7	16	甲午 31, Kia-ou	,,	8	28	,,　,,	3585
,,	,, ,,	,, ,,	4	1	14	辛卯 28, Sin-mao	1114	2	21	,,　,,	3586
,,	,, ,,	,, ,,	6	11	16	乙巳 42, Y-se	1116	12	21	,,　,,	3590
,,	,, ,,	,, ,,	7	11	15	已亥 36, Ki-hai	1117	12	10	,,　,,	
						庚子 37, Keng-tse	,,	12	11		3592
,,	,, ,,	重和 Tch'ong-houo	1	5	15	丙申 33, Ping-chen	1118	6	5	,,　,,	3593
,,	,, ,,	宣和 Siuen-houo	2	3	16	丙辰 53, Ping-tch'en	1120	4	15	,,　,,	3595
,,	,, ,,	,, ,,	6	1	14	癸亥 60, Koei-hai	1124	2	1	,,　,,	3601

DYNASTIE.	EMPEREUR.	RÈGNE.	AN.	LUNE.	JOUR.	SIGNE CYCLIQUE.	AN. ap.J.C.	MOIS SOL.	JOUR.	LIEU.	CAN. OPP.
北 宋 Pé Song	徽 宗 Hoei Tsong	宣 和 Siuen-houo	6	12	15	戊 午 55, Meou-ou	1125	1	21	Lat. 34° 52' Long. 114° 33' 河 南 開 封 府 Ho-nan K'ai-fong F.	3603
南 宋 Nan Song	高 宗 Kao Tsong	建 炎 Kien-yen	3	[2] 4	15	壬 午　　壬 戌 [19, Jen-ou] 59, Jen-siu	1129	5	4	Lat. 30° 12' Long. 120° 12' 浙 江 杭 州 府 Tché-kiangHang-tcheouF.	
						癸 亥 60, Koei-hai	,,	5	5		3611
,,	,,　　,,	紹 興 Chao-hing	1	8	15	己 卯 16, Ki-mao (1)	1131	9	8	,,　　　　　,,	3614
,,	,,　　,,	,,　　,,	2	7	16	甲 戌 11, Kia-siu	1132	8	28	,,　　　　　,,	3616
,,	,,　　,,	,,　　,,	3	7	15	戊 辰 5, Meou-tch'en	1133	8	17	,,　　　　　,,	3618
金 Kin	太 宗 T'ai Tsong	天 會 T'ien-hoei	11	12	6	丙 戌 23, Ping-siu †	1134	1	2	Lat. 30° 57' Long. 116° 29' 直 隸 順 天 府 Tche-li Choen-t'ien F.	0
南 宋 Nan Song	高 宗 Kao Tsong	紹 興 Chao-hing	4	12	16	庚 寅 27, Keng-yn	1135	1	1	Lat. 30° 12' Long. 120° 12' 浙 江 杭 州 府 Tché-kiangHang-tcheouF.	3619
,,	,,　　,,	,,　　,,	5	11	16	乙 酉 22, Y-yeou	,,	12	22	,,　　　　　,,	3621

(1) Cette éclipse fut dissimulée par les nuages.

DYNASTIE.	EMPEREUR.	RÈGNE.	AN.	LUNE.	JOUR.	SIGNE CYCLIQUE.	AN. ap. J.C.	MOIS SOL.	JOUR.	LIEU.	CAN. OPP.
南 宋 Nan Song	高 宗 Kao Tsong	紹 興 Chao-hing	6	5	14	辛 巳 18, Sin-se	1136	6	15	Lat. 30° 12' Long. 120° 12' 浙 江 杭 州 府 Tché-kiung Hang-tcheou F.	3622
,,	,, ,,	,, ,,	,,	11	15	己 卯 46, Ki-mao (1)	,,	12	10	,, ,,	3623
,,	,, ,,	,, ,,	8	3	16	辛 丑 38, Sin-tch'eou (2)	1138	4	26	,, ,,	3624
,,	,, ,, .	,, ,,	,,	9	14	丁 酉 34, Ting-yeou (3)	,,	10	19	,, ,,	
						戊 戌 35. Meou-siu	,,	10	20		3625
,,	,, ,,	,, ,,	9	9	15	壬 辰 29, Jen-tch'en	1139	10	0	,, ,,	3627
,,	,, ,,	,, ,,	12	7	15	丙 午 43, Ping-ou (4)	1142	8	8	,, ,,	3631
,,	,, ,,	,, ,,	13	6	15	庚 子 37, Keng-tse	1143	7	28	,, ,,	3633
,,	,, ,,	,, ,,	,,	12	16	戊 戌 35, Meou-siu (5)	1144	1	22	,, ,,	3634
,,	,, ,,	,, ,,	14	6	14	甲 午 31, Kia-ou	,,	7	16	,, ,,	3635
,,	,, ,,	,, ,,	15	5	14	己 未 56. Ki-wei (6)	1145	6	6	,, ,,	3636
,,	,, ,,	,, ,,	16	4	15	甲 寅 51, Kia-yn	1146	5	27	,, ,,	3638

16   (1) (2) (3) (4) (5) (6) Cette éclipse fut dissimulée par les nuages.

DYNASTIE.	EMPEREUR.	RÉGNE.	AN.	LUNE.	JOUR.	SIGNE CYCLIQUE.	AN. ap.J.C.	MOIS SOL.	JOUR.	LIEU.	CAN. OPP.
南 宋 Nan Song	高 宗 Kao Tsong	紹 興 Chao-hing	21	2	15	丙 辰 53, Ping-tch'en (1)	1151	3	4	Lat. 30° 12' Long. 120° 12' 浙 江 杭 州 府 Tché-kiangHang-tcheouF.	3646
金 Kin	海 陵 煬 王 Hai-lin-yang Wang	天 德 T'ien-té	4	12	16	丙 子 13, Ping-tse	1153	1	12	Lat. 39° 57' Long. 116° 29' 直 隸 順 天 府 Tche-li Choen-t'ien F.	3648
,,	,, ,,	貞 元 Tchen-yuen	1	12	16	庚 午 7, Keng-ou	1154	1	1	,, ,,	3650
,,	,, ,,	,, ,,	2	3	28	辛 巳 18, Sin-se †	,,	5	12	,, ,,	0
,,	,, ,,	,, ,,	,,	11	15	甲 子 1, Kia-tse	,,	12	21	,, ,,	3652
南 宋 Nan Song	高 宗 Kao Tsong	紹 興 Chao-hing	25	5	16	壬 戌 59, Jen-siu	1155	6	17	Lat. 30° 12' Long. 120° 12' 浙 江 杭 州 府 Tché-kiangHang-tcheouF.	
						辛 酉 58, Sin-yeou.	,,	6	16		3653
,,	,, ,,	,, ,,	27	9	15	丁 丑 14, Ting-tch'eou	1157	10	19	,, ,,	3657
金 Kin	海 陵 煬 王 Hai-lin-yang Wang	正 隆 Tcheng-long	3	[2] 3	[0] 15	辛 巳　 乙 亥 [18, Sin-se] 12, Y-hai	1158	4	15	Lat. 39° 57' Long. 116° 29' 直 隸 順 天 府 Tche-li Choen-t'ien F.	3658

(1) Cette éclipse fut dissimulée par les nuages.

DYNASTIE.	EMPEREUR.	RÈGNE.	AN.	LUNE.	JOUR.	SIGNE CYCLIQUE.	AN. ap.J.C.	MOIS SOL.	JOUR.	LIEU.	CAN. OPP.
南 宋 Nan Song	高 宗 Kao Tsong	紹 興 Chao-hing	30	1	15	甲 午 31, Kia-ou	1160	2	23	Lat. 30° 12' Long. 120° 12' 浙 江 杭 州 府 Tché-kiangHang-tcheouF.	3660
金 Kin	海 陵 煬 王 Hai-lin-yang Wang	正 隆 Tcheng-long	6	7	14	乙 酉 22, Y-yeou	1161	8	7	Lat. 39° 57' Long. 116° 29' 直 隸 順 天 府 Tche-li Choen-t'ien F.	3663
南 宋 Nan Song	孝 宗 Hiao Tsong	隆 興 Long-hing	2	5	15	己 亥 36, Ki-hai	1164	6	6	Lat. 36° 12' Long. 120° 12' 浙 江 杭 州 府 Tché-kiangHang-tcheouF.	3668
金 Kin	世 宗 Che Tsong	大 定 Ta-ting	4	11	15	丙 申 33, Ping-chen	,,	11	30	Lat. 39° 57' Long. 116° 29' 直 隸 順 天 府 Tche-li Choen-t'ien F.	3669
南 宋 Nan Song	孝 宗 Hiao Tsong	乾 道 K'ien-tao	1	4	16	甲 午 31, Kia-ou (1)	1165	5	27	Lat. 30° 12' Long. 120° 12' 浙 江 杭 州 府 Tché-kiangHang-tcheouF.	3670
,,	,, ,,	,, ,,	4	2	14	丁 未 44, Ting-wei	1168	3	25	,, ,,	3674
,,	,, ,,	,, ,,	5	2	14	辛 丑 38, Sin-tch'eou (2)	1169	3	14	,, ,,	3676
,,	,, ,,	,, ,,	6	11	21	丁 酉 34, Ting-yeou † (3)	1170	12	30	,, ,,	0
,,	,, ,,	,, ,,	8	6	15	壬 子 49, Jen-tse (4)	1172	7	7	,, ,,	3681

(1) (2) (3) (4) Cette éclipse fut dissimulée par les nuages.

DYNASTIE.	EMPEREUR.	RÈGNE.	AN.	LUNE.	JOUR.	SIGNE CYCLIQUE.	AN. ap.J.C.	MOIS SOL.	JOUR.	LIEU.	CAN. OPP.
南 宋 Nan Song	孝 宗 Hiao Tsong	淳 熙 Choen-hi	1	4	16	壬 申 9, Jen-chen (1)	1174	5	18	*Lat. 30° 12' Long. 120° 12'* 浙 江 杭 州 府 Tché-kiangHang-tcheouF.	3684
,,	,, ,,	,, ,,	2	4	15	丙 寅 3, Ping-yn (2)	1175	5	7	,, ,,	3686
,,	,, ,,	,, ,,	,,	9bis	15	癸 亥 60, Koei-hai (3)	,,	10	31	,, ,,	3687
,,	,, ,,	,, ,,	3	3	15	庚 申 57, Keng-chen (4)	1176	4	25	,, ,,	3688
金 Kin	世 宗 Che Tsong	大 定 Ta-ting	16	9	15	丁 巳 54, Ting-se	,,	10	19	*Lat. 39° 57' Long. 116° 29'* 直 隸 順 天 府 Tche-li Choen-t'ien F.	3689
南 宋 Nan Song	孝 宗 Hiao Tsong	淳 熙 Choen-hi	5	2	14	己 卯 16, Ki-mao (5)	1178	3	5	*Lat. 30° 12' Long. 120° 12'* 浙 江 杭 州 府 Tché-kiangHang-tcheouF.	3690
,,	,, ,,	,, ,,	6	1	15	甲 戌 11, Kia-siu	1179	2	23	,, ,,	3692
,,	,, ,,	,, ,,	8	11	15	丁 亥 24, Ting-hai	1181	12	22	,, ,,	3696
,,	,, ,,	,, ,,	9	11	14	辛 巳 18, Sin-se	1182	12	11	,, ,,	3698
,,	,, ,,	,, ,,	10	5	16	己 卯 16, Ki-mao	1183	6	7	,, ,,	3699

(1) (2) (3) (4) (5) Cette éclipse fut dissimulée par les nuages.

DYNASTIE.	EMPEREUR.	RÈGNE.	AN.	LUNE.	JOUR.	SIGNE CYCLIQUE.	AN. ap.J.C.	MOIS SOL.	JOUR.	LIEU.	CAN. OPP.
南 宋 Nan Song	孝 宗 Hiao Tsong	淳 熙 Choen-hi	12	3	15	戊 戌 35. Meou-siu	1185	4	16	*Lat. 30° 12' Long. 120° 12'* 浙 江 杭 州 府 Tché-kiangHang-tcheouF.	3701
,,	,, ,,	,, ,,	,,	9	15	乙 未 32, Y-wei (1)	,,	10	10	,, ,,	3702
,,	,, ,,	,, ,,	13	3	14	壬 辰 29, Jen-tch'en (2)	1186	4	5	,, ,,	3703
,,	,, ,,	,, ,,	,,	8	16	丙 寅　庚 寅 [3, Ping-yn] 27, Keng-yn	,,	9	30	,, ,,	3704
,,	,, ,,	,, ,,	14	8	15	甲 申 21, Kia-chen (3)	1187	9	19	,, ,,	3706
,,	,, ,,	,, ,,	16	12	16	辛 丑 38. Sin-tch'eou (4)	1190	1	23	,, ,,	3709
,,	光 宗 Koang Tsong	紹 熙 Chao-hi	1	6	14	丁 酉 34. Ting-yeou (5)	,,	7	18	,, ,,	3710
,,	,, ,,	,, ,,	,,	[11j 12	15	乙 未 32, Y-wei (6,	1191	1	12	,, ,,	3711
,,	,, ,,	,, ,,	2	6	15	壬 辰 29, Jen-tch'en (7)	,,	7	8	,, ,,	3712
,,	,, ,,	,, ,,	3	4	16	丁 巳 54, Ting-se (8)	1192	5	28	,, ,,	3713
金 Kin	章 宗 Tchang Tsong	明 昌 Ming-tch'ang	4	[9] 10	15	戊 申 45, Meou-chen	1193	11	10	*Lat. 39° 57' Long. 116° 29'* 直 隸 順 天 府 Tche-li Choen-t'ien F.	3716

(1) (2) (3) (4) (5) (6) (7) (8) Cette éclipse fut dissimulée par les nuages.

DYNASTIE.	EMPEREUR.	RÈGNE.	AN.	LUNE.	JOUR.	SIGNE CYCLIQUE.	AN. ap. J.C.	MOIS SOL.	JOUR.	LIEU.	CAN. OPP.
南 宋 Nan Song	光 宗 Koang Tsong	紹 熙 Chao-hi	5	[U] 10	16	癸 卯 40, Koei-mao (1)	1194	10	31	Lat. 30° 12' Long. 120° 12' 浙 江 杭 州 府 Tché-kiangHang-tcheouF.	3718
,,	寧 宗 Ning Tsong	慶 元 K'ing-yuen	2	8	15	壬 戌 59. Jen-siu	1196	9	9	,, ,,	3720
金 Kin	章 宗 Tchang Tsong	承 安 Tch'eng-ngan	2	2	16	己 未 56, Ki-wei	1197	3	5	Lat. 39° 57' Long. 116° 29' 直 隸 順 天 府 Tche-li Choen-t'ien F.	3721
南 宋 Nan Song	寧 宗 Ning Tsong	慶 元 K'ing-yuen	3	7	18	己 未 56, Ki-wei	,,	9	1	Lat. 30° 12' Long. 120° 12' 浙 江 杭 州 府 Tché-kiangHang-tcheouF.	
						丙 辰 53, Ping-tch'en	,,	8	29		3722
金 Kin	章 宗 Tchang Tsong	承 安 Tch'eng-ngan	3	1	16	甲 寅 51, Kia-yn	1198	2	23	Lat. 39° 57' Long. 116° 29' 直 隸 順 天 府 Tche-li Choen-t'ien F.	3723
南 宋 Nan Song	寧 宗 Ning Tsong	慶 元 K'ing-yuen	4	7	14	庚 戌 47, Keng-siu	,,	8	18	Lat. 30° 12' Long. 120° 12' 浙 江 杭 州 府 Tché-kiangHang-tcheouF.	3724
,,	,, ,,	,, ,,	6	5	16	庚 午 7, Keng-ou (2)	1200	6	28	,, ,,	3726

(1) (2) Cette éclipse fut dissimulée par les nuages.

DYNASTIE.	EMPEREUR.	RÈGNE.	AN.	LUNE.	JOUR.	SIGNE CYCLIQUE.	AN. ap. J.C.	MOIS SOL.	JOUR.	LIEU.	CAN. OPP.
金 Kin	章 宗 Tchang Tsong	太 和 T'ai-houo	1	11	14	辛 酉 58, Sin-yeou	1201	12	11	*Lat. 39° 57' Long. 116° 29'* 直 隸 順 天 府 Tche-li Choen-t'ieu F.	3720
南 宋 Nan Song	寧 宗 Ning Tsong	嘉 泰 Kia-t'ai	2	5	16	己 未 56, Ki-wei	1202	6	7	*Lat. 30° 12' Long. 120° 12'* 浙 江 杭 州 府 Tché-kiangHang-tcheouF.	0
,,	,, ,,	,, ,,	3	3	14	癸 未 20, Koei-wei (1)	1203	4	27	,, ,,	3730
金 Kin	章 宗 Tchang Tsong	太 和 T'ai-houo	4	9	16	乙 亥 12, Y-hai	1204	10	10	*Lat. 39° 57' Long. 116° 29'* 直 隸 順 天 府 Tche-li Choen-t'ien F.	3733
南 宋 Nan Song	寧 宗 Ning Tsong	開 禧 K'ai-hi	1	3	15	壬 申 9. Jen-chen (2)	1205	4	5	*Lat. 30° 12' Long. 120° 12'* 浙 江 杭 州 府 Tché-kiangHang-tcheouF.	3734
,,	,, ,,	,, ,,	1	8bis	15	己 巳 6, Ki-se (3)	1205	9	20	,, ,,	3735
,,	,, ,,	,, ,,	3	1	16	壬 辰 29, Jen-tch'en	1207	2	14	,, ,,	3736
,,	,, ,,	,, ,,	,,	7	14	戊 子 25, Meou-tse	,,	8	9	,, ,,	3737
,,	,, ,,	嘉 定 Kia-ting	1	[2] 1	16	丙 戌 23. Ping-siu (4)	1208	2	3	,, ,,	3738

(1) (2) (3) (4) Cette éclipse fut dissimulée par les nuages.

DYNASTIE.	EMPEREUR.	RÈGNE.	AN.	LUNE.	JOUR.	SIGNE CYCLIQUE.	AN. ap.J.C.	MOIS SOL.	JOUR.	LIEU.	CAN. OPP.
南 宋 Nan Song	寧 宗 Ning Tsong	嘉 定 Kia-ting	1	12	15	庚 辰 17, Keng-tch'en	1209	1	22	*Lat. 30° 12' Long. 120° 12'* 浙 江 杭 州 府 Tché-kiangHang-tcheouF.	3740
,,	,, ,,	,, ,,	2	6	15	丁 丑 14, Ting-tch'eou	,,	7	18	,, ,,	3741
金 Kin	衞 紹 王 Wei-chao Wang	大 安 Ta-ngan	1	10	5	, 乙 丑 2, Y-tch'eou †	,.	11	3	*Lat. 39° 57' Long. 116° 29'* 直 隸 順 天 府 Tche-li Choen-t'ien F.	0
南 宋 Nan Song	寧 宗 Ning Tsong	嘉 定 Kia-ting	3	11	15	己 亥 36, Ki-hai	1210	12	2	*Lat. 30° 12' Long. 120° 12'* 浙 江 杭 州 府 Tché-kiangHang-tcheouF.	3742
,,	,, ,,	,, ,,	5	10	16	戊 子 25, Meou-tse	1212	11	10	,, ,,	3746
,,	,, ,,	,, ,,	7	2	15	庚 戌 47, Keng-siu	1214	3	27	,, ,,	3747
,,	,, ,,	,, ,,	,.	8	15	丁 未 44, Ting-wei	,,	9	20	,, ,,	3748
,,	,, ,,	,, ,,	8	8	14	辛 丑 38, Sin-tch'eou	1215	9	9	,, ,,	3750
,,	,, ,,	,, ,,	9	2	16	己 亥 36, Ki-hai (1)	1216	3	5	,, ,,	3751
,,	,, ,,	,, ,,	,,	7bis	14	乙 未 32, Y-wei (2)	,,	8	28	,, ,,	3752

(1) (2) Cette éclipse fut dissimulée par les nuages.

DYNASTIE.	EMPEREUR.	RÈGNE.	AN.	LUNE.	JOUR.	SIGNE CYCLIQUE.	AN. ap. J.C.	MOIS SOL.	JOUR.	LIEU.	CAN. OPP.
南 宋 Nan Song	寧 宗 Ning Tsong	嘉 定 Kia-ting	10	12	15	戊 午 55, Meou-ou	1218	1	13	Lat. 30° 12' Long. 120° 12' 浙 江 杭 州 府 Tché-kiangHang-tcheouF.	3753
,,	,, ,,	,, ,,	11	6	15	乙 卯 52, Y-mao	,,	7	9	,, ,,	3754
,,	,, ,,	,, ,,	,,	12	14	壬 子 49, Jen-tse	1219	1	2	,, ,,	3755
,,	,, ,,	,, ,,	12	5	16	庚 戌 47, Keng-siu (1)	,,	6	29	,, ,,	3756
,,	,, ,,	,, ,,	,,	11	14	丙 午 43, Ping-ou	,,	12	22	,, ,,	3757
,,	,, ,,	,, ,,	13	5	15	甲 辰 41, Kia-tch'en (2)	1220	6	17	,, ,,	0
,,	,, ,,	,, ,,	14	10	16	丙 寅 3, Ping-yn	1221	11	1	,, ,,	3758
,,	,, ,,	,, ,,	15	3	14	癸 卯　　癸 亥 [40,Koei-mao]60,Koei-hai(3)	1222	4	27	,, ,,	3759
,,	,, ,,	,, ,,	16	3	14	丁 巳 54, Ting-se (4)	1223	4	16	,, ,,	3761
,,	理 宗 Li Tsong	寶 慶 Pao-k'ing	1	1	16	丁 丑 14, Ting-tch'eou	1225	2	24	,, ,,	3763
,,	,, ,,	,, ,,	,,	7	14	癸 酉 10, Koei-yeou (5)	,,	8	19	,, ,,	3764
,,	,, ,,	,, ,,	2	7	15	戊 辰 5, Meou-tch'en (6)	1226	8	9	,, ,,	3766

17   (1) (2) (3) (4) (5) (6) Cette éclipse fut dissimulée par les nuages.

DYNASTIE.	EMPEREUR.	RÈGNE.	AN.	LUNE.	JOUR.	SIGNE CYCLIQUE.	AN. ap.J.C.	MOIS SOL.	JOUR.	LIEU.	CAN. OPP.
南 宋 Nan Song	理 宗 Li Tsong	紹 定 Chao-ting	1	11	14	甲 申 21, Kia-chen	1228	12	12	Lat. 30° 12' Long. 120° 12' 浙 江 杭 州 府 Tché-kiangHang-tcheouF.	3769
,,	,, ,,	,, ,,	2	11	15	己 卯 16, Ki-mao	1229	12	2	,, ,,	3771
,,	,, ,,	,, ,,	4	4	14	庚 午 7, Keng-ou	1231	5	17	,, ,,	0
,,	,, ,,	,, ,,	5	3	14	乙 未 32, Y-wei	1232	4	6	,, ,,	3774
,,	,, ,,	,, ,,	6	2	15	庚 寅 27, Keng-yn	1233	3	27	,, ,,	3776
,,	,, ,,	端 平 Toan-p'ing	2	12	15	癸 卯 40, Koei-mao	1236	1	24	,, ,,	3780
,,	,, ,,	,, ,,	3	12	14	丁 酉 34, Ting-yeou	1237	1	12	,, ,,	3782
,,	,, ,,	嘉 熙 Kia-hi	1	6	16	乙 未 32, Y-wei	,,	7	9	,, ,,	3783
,,	,, ,,	,, ,,	3	4	15	甲 寅 51, Kia-yn	1239	5	19	,, ,,	0
,,	,, ,,	,, ,,	4	4	14	戊 申 45, Meou-chen	1240	5	7	,, ,,	3787
,,	,, ,,	淳 祐 Choen-yeou	1	9	15	庚 子 37, Keng-tse	1241	10	21	,, ,,	3790
,,	,, ,,	,, ,,	4	7	15	癸 丑 50, Koei-tch'eou	1244	8	19	,, ,,	3794

DYNASTIE.	EMPEREUR.	RÈGNE.	AN.	LUNE.	JOUR.	SIGNE CYCLIQUE.	AN. ap.J.C.	MOIS SOL.	JOUR.	LIEU.	CAN. OPP.
南 宋 Nan Song	理 宗 Li Tsong	淳 祐 Choen-yeou	5	7	16	戊 申 45, Meou-chen	1245	8	9	*Lat. 30° 12' Long. 120° 12'* 浙 江 杭 州 府 Tché-kiangHang-tcheouF.	3796
,,	,, ,,	,, ,,	7	5	15	丁 卯 4, Ting-mao	1247	6	19	,, ,,	3798
,,	,, ,,	,, ,,	8	[10] 11	16	己 丑 　 己 未 [26, Ki-tch'eou] 56, Ki-wei	1248	12	2	,, ,,	3801
,,	,, ,,	,, ,,	11	3	15	乙 亥 12, Y-hai	1251	4	7	,, ,,	3804
,,	,, ,,	,, ,,	,,	9	15	壬 申 9, Jen-chen	,,	10	1	,, ,,	3805
,,	,, ,,	,, ,,	12	8	14	丙 寅 3, Ping-yn	1252	9	19	,, ,,	3807
,,	,, ,,	寶 祐 Pao-yeou	2	6bis	16	丙 戌 23, Ping-siu	1254	7	31	,, ,,	3809
,,	,, ,,	,, ,,	3	12	14	丁 丑 14, Ting-tch'eou	1256	1	13	,, ,,	3812
,,	,, ,,	,, ,,	5	10	16	丁 酉 34, Ting-yeou	1257	11	23	,, ,,	3814
,,	,, ,,	,, ,,	6	4	14	癸 巳 30, Koei-se	1258	5	18	,, ,,	3815
,,	,, ,,	,, ,,	,,	10	16	辛 卯 28, Sin-mao	,,	11	12	,, ,,	3816
,,	,, ,,	開 慶 K'ai-k'ing	1	4	15	戊 子 25, Meou-tse	1259	5	8	,, ,,	3817

DYNASTIE.	EMPEREUR.	RÈGNE.	AN.	LUNE.	JOUR.	SIGNE CYCLIQUE.	AN. ap.J.C.	MOIS SOL.	JOUR.	LIEU.	CAN. OPP.
南 宋 Nan Song	理 宗 Li Tsong	開 慶 K'ia-k'ing	1	10	15	乙 酉 22, Y-yeou	1259	11	1	Lat. 30° 12' Long. 120° 12' 浙 江 杭 州 府 Tché-kiangHang-tcheouF.	3818
,,	,, ,,	景 定 King-ting	2	[7] 8	14	甲 戌 甲 辰 [11,Kia-siu]41,Kia-tch'en	1261	9	10	,, ,,	3820
,,	度 宗 Tou Tsong	咸 淳 Hien-choen	2	[6] 5	15	丁 丑 丁 未 [14,Ting-tch'cou]44,Ting-wei	1266	6	19	,, ,,	3828
,,	,, ,,	,, ,,	,,	11	16	甲 辰 41, Kia-tch'en	,,	12	13	,, ,,	3829
,,	,, ,,	,, ,,	4	7	14	癸 亥 60, Koei-hai	1268	8	23	,, ,,	0
,,	,, ,,	,, ,,	5	9	14	丁 巳 54, Ting-se	1269	10	11	,, ,,	3834
,,	,, ,,	,, ,,	6	3	16	乙 卯 52, Y-mao	1270	4	7	,, ,,	3835
,,	,, ,,	,, ,,	,,	9	14	辛 亥 48, Sin-hai	,,	9	30	,, ,,	3836
,,	,, ,,	,, ,,	9	1	14	戊 辰 5, Meou-tch'en	1273	2	3	,, ,,	3839
,,	,, ,,	,, ,,	,,	12	14	壬 戌 59, Jen-siu	1274	1	23	,, ,,	3841
元 Yuen	英 宗 Yng Tsong	至 治 Tche-tche	1	6	15	壬 戌 丁 巳 [59, Jen-siu] 54, Ting-se	1321	7	10	Lat. 39° 57' Long. 116° 29' 直 隸 順 天 府 Tche-li Choen-t'ien F.	3919

DYNASTIE.	EMPEREUR.	RÈGNE.	AN.	LUNE.	JOUR.	SIGNE CYCLIQUE.	AN. ap. J.C.	MOIS SOL.	JOUR.	LIEU.	CAN. OPP.
元 Yuen	泰 定 帝 T'ai-ting Ti	泰 定 T'ai-ting	1	4	16	辛 未 8, Sin-wei	1324	5	9	Lat. 39° 57' Long. 116° 29' 直 隷 順 天 府 Tche-li Choen-t'ieu F.	3922
,,	順 帝 Choen Ti	元 統 Yuen-t'ong	2	3	15	癸 卯 40, Koei-mao	1334	4	19	,, ,,	3938
,,	,, ,,	後 至 元 (Heou) Tche-yuen	1	3	15	丁 酉 34, Ting-yeou	1335	4	8	,, ,,	3940
,,	,, ,,	,, ,,	3	1	15	丙 辰 53, Ping-tch'en	1337	2	15	,, ,,	3942
,,	,, ,,	,, ,,	5	6	15	壬 寅 39, Jen-yn	1339	7	21	,, ,,	3947
,,	,, ,,	,, ,,	6	11	15	甲 子 1, Kia-tse	1340	12	4	,, ,,	0
,,	,, ,,	至 正 Tche-tcheng	1	5	16	壬 戌 59, Jen-siu	1341	5	31	,, ,,	3948
,,	,, ,,	,, ,,	3	10	15	丁 未 44, Ting-wei	1343	11	2	,, ,,	0
,,	,, ,,	,, ,,	4	2bis	15	乙 亥 12, Y-hai	1344	3	29	,, ,,	0
明 Ming	太 祖 T'ai Tsou	洪 武 Hong-ou	3	4	16	甲 戌 11, Kia-siu	1370	5	11	Lat. 32° 05' Long. 118° 47' 江 蘇 江 寧 府 Kiang-sou Kiang-ning F.	3990
,,	,, ,,	,, ,,	4	9	16	乙 丑 2, Y-tch'eou	1371	10	24	,, ,,	3993

DYNASTIE.	EMPEREUR.	RÈGNE.	AN.	LUNE.	JOUR.	SIGNE CYCLIQUE.	AN. ap.J.C.	MOIS SOL.	JOUR.	LIEU.	CAN. OPP.
明 Ming	太 祖 T'ai Tsou	洪 武 Hong-ou	5	3	15	壬 戌 59, Jen-siu	1372	4	18	Lat. 32º 05' Long. 118º 47' 江 蘇 江 寧 府 Kiang-sou Kiang-ning F.	0
,,	,, ,,	,, ,,	6	8	15	甲 申 21, Kia-chen	1373	9	2	,, ,,	0
,,	,, ,,	,, ,,	9	11	15	乙 未 32, Y-wei	1376	12	26	,, ,,	0
,,	,, ,,	,, ,,	10	11	15	己 丑 26, Ki-tch'cou	1377	12	15	,, ,,	4000
,,	,, ,,	,, ,,	11	5	15	丙 戌 23, Ping-siu	1378	6	10	,, ,,	
						丁 亥 24, Ting-hai	,,	0	11		4001
,,	,, ,,	,, ,,	,,	11	14	癸 未 20, Koei-wei	,,	12	4	,, ,,	4002
,,	,, ,,	,, ,,	12	10	15	戊 寅 15, Meou-yn	1379	11	24	,, ,,	0
,,	,, ,,	,, ,,	13	9	16	癸 卯 40, Koei-mao	1380	10	14	,, ,,	4004
,,	,, ,,	,, ,,	14	3	14	己 亥 36, Ki-hai	1381	4	8	,, ,,	
						庚 子 37, Keng-tse	,.	4	9		4005
,,	,, ,,	,, ,,	,,	8	9	辛 酉 58, Sin-yeou †	,,	8	28	,, ,,	0

DYNASTIE.	EMPEREUR.	RÈGNE.	AN.	LUNE.	JOUR.	SIGNE CYCLIQUE.	AN. ap.J.C.	MOIS SOL.	JOUR.	LIEU.	CAN. OPP.
明 Ming	太 祖 T'ai Tsou	洪 武 Hong-ou	17	1	16	甲 寅 51, Kia-yn	1384	2	7	Lat. 32° 05' Long. 118° 47' 江 蘇 江 寧 府 Kiang-sou Kiang-niṅg F.	4009
,,	,, ,,	,, ,,	18	6	16	丙 午 43, Ping-ou	1385	7	23	,, ,,	
						乙 巳 42, Y-se	,,	7	22		4012
,,	,, ,,	,, ,,	20	10	14	辛 酉 58, Sin-yeou	1387	11	25	,, ,,	4015
,,	,, ,,	,, ,,	21	4	15	己 未 56, Ki-wei	1388	5	21	,, ,,	4016
,,	,, ,,	,, ,,	,,	10	16	丙 辰 53, Ping-tch'en	,,	11	14	,, ,,	4017
,,	,, ,,	,, ,,	25	[3] 2	15	丙 寅 3, Ping-yn	1392	3	8	,, ,,	
						丁 卯 4, Ting-mao	,,	3	9		4022
,,	,, ,,	,, ,,	28	11	15	乙 亥 12, Y-hai	1395	12	27	,, ,,	
						甲 戌 11, Kia-siu	,,	12	20		4027
,,	,, ,,	,, ,,	29	5	16	壬 申 9, Jen-chen	1396	6	21	,, ,,	4028
,,	,, ,,	,, ,,	,,	11	15	己 巳 6, Ki-se	,,	12	15	,, ,,	4029

DYNASTIE.	EMPEREUR.	RÈGNE.	AN.	LUNE.	JOUR.	SIGNE CYCLIQUE.	AN. ap.J.C.	MOIS SOL.	JOUR.	LIEU.	CAN. OPP.
明 Ming	成 祖 Tch'eng Tsou	永 樂 Yong-lo	1	1	16	甲 午 31, Kia-ou (1)	1403	2	7	Lat. 32° 05' Long. 118° 47' 江 蘇 江 寧 府 Kiang-sou Kiang-ning F.	4038
,,	,, ,,	,, ,,	,,	7	16	辛 卯 28, Sin-mao (2)	,,	8	3	,, ,,	
						庚 寅 27, *Keng-yn*	,,	8	2		*4039*
,,	,, ,,.	,, ,,	2	6	16	乙 酉 22, Y-yeou	1404	7	22	,, ,,	4041
,,	,, ,,	,, ,,	4	10	15	辛 丑 38, Sin-tch'cou	1406	11	25	,, ,,	4044
,,	,, ,,	,, ,,	5	10	16	丙 申 33, Ping-chen	1407	11	15	,, ,,	4046
,,	,, ,,	,, ,,	9	2	16	丁 未 44, Ting-wei	1411	3	10	,, ,,	4051
,,	,, ,,	,, ,,	,,	8	14	癸 卯 40, Koei-mao	,,	9	2	,, ,,	4052
,,	,, ,,	,, ,,	11	6	16	癸 亥 60, Koei-hai	1413	7	13	,, ,,	4053
,,	,, ,,	,, ,,	12	11	15	甲 寅 51, Kia-yn	1414	12	26	,, ,,	4056
,,	,, ,,	,, ,,	14	10	16	甲 戌 11, Kia-siu	1416	11	5	,, ,,	4058
,,	,, ,,	,, ,,	15	9	16	戊 辰 5, Meou-tch'en	1417	10	25	,, ,,	4060

(1) (2) Cette éclipse fut dissimulée par les nuages.

DYNASTIE.	EMPEREUR.	RÈGNE.	AN.	LUNE.	JOUR.	SIGNE CYCLIQUE.	AN. ap.J.C.	MOIS SOL.	JOUR.	LIEU.	CAN. OPP.
明 Ming	成 祖 Tch'eng Tsou	永 樂 Yong-lo	16	3	15	乙　丑 2, Y-tch'eou	1418	4	20	Lat. 32° 05' Long. 118° 47' 江 蘇 江 寧 府 Kiang-sou Kiang-ning F.	4061
,,	,, ,,	,, ,,	,,	9	15	壬　戌 59, Jen-siu	,,	10	14	,, ,,	4062
,,	,, ,,	,, ,,	18	1bis	16	己　酉　乙　酉 [46, Ki-yeou] 22, Y-yeou	1420	2	29bis	,, ,,	4064
,,	,, ,,	,, ,,	19	1	16	己　卯 16, Ki-mao	1421	2	17	,, ,,	4066
,,	,, ,,	,, ,,	20	1	14	壬　申 9, Jen-chen	1422	2	5	Lat. 39° 57' Long. 116° 29' 直 隸 順 天 府 Tche-li Choen-t'ien F.	
						癸　酉 10, Koei-yeou	,,	2	6		4068
,,	,, ,,	,, ,,	21	11	15	壬　辰 29, Jen-tch'en	1423	12	17	,, ,,	4070
,,	宣 宗 Siuen Tsong	宣 德 Siuen-té	2	3	15	癸　卯 40, Koei-mao	1427	4	11	,, ,,	4076
,,	,, ,,	,, ,,	5	8	15	癸　未 20, Koei-wei	1430	9	2	,, ,,	4081
,,	,, ,,	,, ,,	6	12	14	己 巳 乙 巳 [6, Ki-se] 42, Y-se	1432	1	17	,, ,,	4083
,,	,, ,,	,, ,,	8	6	16	丁　酉 34, Ting-yeou	1433	7	2	,, ,,	4086

18

DYNASTIE.	EMPEREUR.	RÈGNE.	AN.	LUNE.	JOUR.	SIGNE CYCLIQUE.	AN. ap.J.C.	MOIS SOL.	JOUR.	LIEU.	CAN. OPP.
明 Ming	宣 宗 Siuen Tsong	宣 德 Siuen-té	10	4	15	丙 辰 53, Ping-tch'en	1435	5	12	Lat. 39° 57' Long. 116°.29' 直 隸 順 天 府 Tche-li Choen-t'ien F.	4087
,,	英 宗 Yng Tsong	正 統 Tcheng-t'ong	2	3	15	乙 巳 42, Y-se	1437	4	20	,,　　　,,	4091
,,	,,　　,,	,,　　,,	3	2	16	庚 午 7, Keng-ou	1438	3	11	,,　　　,,	4092
,,	,,　　,,	,,　　,,	4	4	15	壬 辰 29, Jen-tch'en	1439	5	27	,,　　　,,	0
,,	,,　　,,	,,　　,,	,,	7	15	辛 酉 58, Sin-yeou	,,	8	24	,,　　　,,	4094
,,	,,　　,,	,,　　,,	7	2	11	壬 寅 39, Jen-yn †	1442	3	22	,,　　　,,	0
,,	,,　　,,	,,　　,,	,,	5	16	乙 亥 12, Y-hai	,,	6	23	,,　　　,,	4098
,,	,,　　,,	,,　　,,	,,	11	16	壬 申 9, Jen-chen	,,	12	17	,,　　　,,	4099
,,	,,　　,,	,,　　,,	9	5	14	癸 亥 60, Koei-hai	1444	5	31	,,　　　,,	4102
,,	,,　　,,	,,　　,,	,,	10	16	辛 酉 58, Sin-yeou (1)	,,	11	25	,,　　　,,	0
,,	,,　　,,	,,　　,,	11	3	16	癸 未 20, Koei-wei	1446	4	11	,,　　　,,	4103
,,	,,　　,,	,,　　,,	14	1	15	丙 申 33, Ping-chen (2)	1449	2	7	,,　　　,,	0

(1) (2) Cette éclipse annoncée n'eut pas lieu.

DYNASTIE.	EMPEREUR.	RÈGNE.	AN.	LUNE.	JOUR.	SIGNE CYCLIQUE.	AN. ap.J.C.	MOIS SOL.	JOUR.	LIEU.	CAN. OPP.
明 Ming	景 帝 King Ti	景 泰 King-t'ai	1	1	15	辛 卯 28, Sin-mao	1450	1	28	*Lat. 39° 57' Long. 116° 29'* 直 隸 順 天 府 Tche-li Choen-t'ien F.	4109
,,	,, ,,	,, ,,	,,	6	16	戊 子 25, Meou-tse	,,	7	24	,, ,,	4110
,,	,, ,,	,, ,,	,,	12	15	乙 酉 22, Y-yeou	1451	1	17	,, ,,	4111
,,	,, ,,	,, ,,	4	4	13	庚 子 37, Keng-tse	1453	5	21	,, ,,	
						辛 丑 *38, Sin-tch'eou*	,,	5	22		*4113*
,,	,, ,,	,, ,,	,,	10	16	己 亥 36, Ki-hai	,,	11	16	,, ,,	4114
,,	,, ,,	,, ,,	5	10	15	癸 巳 30, Koei-se	1454	11	5	,, ,,	4116
,,	英 宗 Yng Tsong	天 順 T'ien-choen	1	2	16	庚 戌 47, Keng-siu	1457	3	11	,, ,,	4119
,,	,, ,,	,, ,,	,,	8	14	乙 巳 42, Y-se	,,	9	2	,, ,,	
						丙 午 *43, Ping-ou*	,,	9	3		*4120*
,,	,, ,,	,, ,,	2	2	15	甲 辰 41, Kia-tch'en	1458	2	28	,, ,,	4121
,,	,, ,,	,, ,,	,,	7	16	辛 丑 38, Sin-tcb'eou	,,	8	24	,, ,,	4122

DYNASTIE.	EMPEREUR.	RÈGNE.	AN.	LUNE.	JOUR.	SIGNE CYCLIQUE.	AN. ap. J.C.	MOIS SOL.	JOUR.	LIEU.	CAN. OPP.
明 Ming	英 宗 Yng Tsong	天 順 T'ien-choen	3	12	15	癸 亥 60, Koei-hai	1460	1	8	*Lat. 39° 57' Long. 116° 29'* 直 隸 順 天 府 Tche-li Choen-t'ieu F.	4123
,,	,, ,,	,, ,,	4	6	15	庚 申 57, Keng-chen	,,	7	3	,, ,,	4124
,,	,, ,,	,, ,,	5	11	16	壬 子 49, Jen-tse	1461	12	17	,, ,,	4127
,,	憲 宗 Hien Tsong	成 化 Tch'eng-hoa	1	3	16	癸 亥 60, Koei-hai	1465	4	11	,, ,,	4131
,,	,, ,,	,, ,,	3	7	16	己 卯 16, Ki-mao	1467	8	15	,, ,,	4134
,,	,, ,,	,, ,,	4	1	15	丙 子 13, Ping-tse (1)	1468	2	8	,, ,,	4135
,,	,, ,,	,, ,,	5	1	15	庚 午 7, Keng-ou	1469	1	27	,, ,,	4137
,,	,, ,,	,, ,,	7	10	16	甲 申 21, Kia-chen	1471	11	27	,, ,,	4141
,,	,, ,,	,, ,,	8	4	15	辛 巳 18, Sin-se	1472	5	22	,, ,,	4142
,,	,, ,,	,, ,,	9	10	15	癸 酉 10, Koei-yeou	1473	11	5	,, ,,	4145
						壬 申 9, Jen-chen	,,	11	4		4145
,,	,, ,,	,, ,,	11	2	16	乙 未 32, Y-wei	1475	3	22	,, ,,	4146

(1) Cette éclipse fut dissimulée par les nuages.

DYNASTIE.	EMPEREUR.	RÈGNE.	AN.	LUNE.	JOUR.	SIGNE CYCLIQUE.	AN. ap. J.C.	MOIS SOL.	JOUR.	LIEU.	CAN. OPP.
明 Ming	憲 宗 Hien Tsong	成 化 Tch'eng-hoa	12	2	15	己　丑 26, Ki-tch'eou	1476	3	10	*Lat. 39° 57' Long. 116° 29'* 直 隸 順 天 府 Tche-li Choen-t'ien F.	4148
,,	,,　　,,	,,　　,,	12	8	17	丁　亥 24, Ting-hai	1476	9	4	,,　　　,,	
..						丙　戌 *23, Ping-siu*	,,	9	3		*4149*
,,	,,　　,,	,,　　,,	13	2	14	癸　未 20, Koei-wei	1477	2	27	,,　　　,,	0
,,	,,　　,,	,,　　,,	,,	12	15	戊　申 45, Meou-chen	1478	1	18	,,　　　,,	4150
,,	,,　　,,	,,　　,,	14	12	16	癸　卯 40, Koei-mao	1479	1	8	,,　　　,,	4152
,,	,,　　,,	,,　　,,	15	11	17	戊　戌 35, Meou-siu	,,	12	29	,,　　　,,	
						丁　酉 *34, Ting-yeou*	,,	12	28		*4154*
,,	,,　　,,	,,　　,,	17	10	15	丙　辰 53, Ping-tch'en	1481	11	6	,,　　　,,	0
,,	,,　　,,	,,　　,,	18	9	15	庚　戌 47, Keng-siu	1482	10	26	,,　　　,,	4157
,,	,,　　,,	,,　　,,	19	3	17	己　酉 46, Ki-yeou	1483	4	23	,,　　　,,	
						戊　申 *45, Meou-chen*	,,	4	22		*4158*

DYNASTIE.	EMPEREUR.	RÈGNE.	AN.	LUNE.	JOUR.	SIGNE CYCLIQUE.	AN. ap.J.C.	MOIS SOL.	JOUR.	LIEU.	CAN. OPP.
明 Ming	憲 宗 Hien Tsong	成 化 Tch'eng-hoa	20	9	15	己 亥 36, Ki-hai	1484	10	4	Lat. 39° 57' Long. 116° 29' 直 隸 順 天 府 Tche-li Choen-t'ien F.	4160
,,	,,　　,,	,,　　,,	21	2	15	丁 卯 4, Ting-mao (1)	1485	3	1	,,　　　,,	0
,,	,,　　,,	,,　　,,	22	1	14	辛 酉 58, Sin-yeou	1486	2	.18	,,　　　,,	4162
,,	孝 宗 Hiao Tsong	弘 治 Hong-tche	10	6	15	乙 酉 22, Y-yeou	1497	7	14	,,　　　,,	4179
,,	,,　　,,	,,　　,,	,,	12	16	癸 未 20, Koei-wei	1498	1	8	,,　　　,,	4180
,,	,,　　,,	,,　　,,	11	6	14	己 卯 16, Ki-mao	,,	7	3	,,　　　,,	4181
,,	,,　　,,	,,　　,,	13	10	15	丙 申 33, Ping-chen	1500	11	6	,,　　　,,	4183
,,	,,　　,,	,,　　,,	14	9	15	庚 寅 27, Keng-yn	1501	10	26	,,　　　,,	4185
,,	,,　　,,	,,　　,,	17	7	16	甲 辰 41, Kia-tch'en	1504	8	25	,,　　　,,	4188
,,	,,　　,,	,,　　,,	18	1	15	辛 丑 38, Sin-tch'eou	1505	2	18	,,　　　,,	4189
,,	武 宗 Ou Tsong	正 德 Tcheng-té	2	5	15	丁 巳 54, Ting-se	1507	6	24	,,　　　,,	4192
,,	,,　　,,	,,　　,,	2	11	16	乙 卯 52, Y-mao	1507	12	19	,,　　　,,	4193

(1) Cette éclipse annoncée n'eut pas lieu.

DYNASTIE.	EMPEREUR.	RÈGNE.	AN.	LUNE.	JOUR.	SIGNE CYCLIQUE.	AN. ap.J.C.	MOIS SOL.	JOUR.	LIEU.	CAN. OPP.
明 Ming	武 宗 Ou Tsong	正 德 Tcheng-té	3	11	15	己 酉 46, Ki-yeou	1508	12	7	*Lat. 39° 57' Long. 110° 29'* 直 隸 順 天 府 Tche-li Choen-t'ien F.	4195
,,	,, ,,	,, ,,	4	10	15	癸 卯 40, Kœi-mao	1509	11	26	,, ,,	4197
,,	,, ,,	,, ,,	6	9	16	癸 亥 60, Kœi-hai	1511	10	7	,, ,,	
						壬 戍 *59, Jen-siu*	,,	*10*	*6*		*4199*
,,	,, ,,	,, ,,	7	[7] 8	16	丁 亥　丁 巳 [24, Ting-hai] 54, Ting-se	1512	9	25	,, ,,	4201
,,	,, ,,	,, ,,	10	6	15	庚 午 7, Keng-ou	1515	7	25	,, ,,	4206
,,	,, ,,	,, ,,	13	10	15	辛 巳 18, Sin-se	1518	11	17	,, ,,	4210
,,	,, ,,	,, ,,	14	4	16	己 卯 16, Ki-mao	1519	5	14	,, ,,	4211
,,	,, ,,	,, ,,	,,	10	15	乙 亥 12, Y-hai	,,	11	6	,, ,,	4212
,,	,, ,,	,, ,,	15	4	16	癸 酉 10, Kœi-yeou	1520	5	2	,, ,,	4213
,,	世 宗 Che Tsong	嘉 靖 Kia-tsing	1	2	15	壬 辰 29, Jen-tch'en	1522	3	12	,, ,,	4215
,,	,, ,,	,, ,,	2	2	15	丙 戍 23, Ping-siu	1523	3	1	,, ,,	4217

DYNASTIE.	EMPEREUR.	RÈGNE.	AN.	LUNE.	JOUR.	SIGNE CYCLIQUE.	AN. ap.J.C.	MOIS SOL.	JOUR.	LIEU.	CAN. OPP.
明 Ming	世 宗 Che Tsong	嘉 靖 Kia-tsing	5	5	15	丁 酉 34, Ting-yeou	1526	6	24	Lat. 39° 57' Long. 116° 29' 直 隸 順 天 府 Tche-li Choen-t'ien F.	4222
,,	,, ,,	,, ,,	,,	11	15	甲 午 31, Kia-ou	,,	12	18	,, ,,	4223
,,	,, ,,	,, ,,	8	3	16	辛 亥 48, Sin-haï	1529	4	23	,, ,,	4226
,,	,, ,,	,, ,,	13	12	16	戊 申 45, Meou-chen	1535	1	19	,, ,,	0
,,	,, ,,	,, ,,	14	6	15	甲 辰 41, Kia-tch'en	,,	7	14	,, ,,	0
,,	,, ,,	,, ,,	,,	11	15	壬 申 9, Jen-chen	,,	12	9	,, ,,	0
,,	,, ,,	,, ,,	16	4	15	癸 亥 60, Koei-haï	1537	5	23	,, ,,	
`						甲 子 1, Kia-tse	,,	5	24		4238
,,	,, ,,	,, ,,	19	2	14	丁 丑 14, Ting-tch'eou	1540	3	22	,, ,,	4242
,,	,, ,,	,, ,,	21	2	15	丙 寅 3, Ping-yn	1542	3	1	,, ,,	4246
,,	,, ,,	,, ,,	23	6	15	壬 子 壬 午 [49, Jen-tee] 19, Jen-ou	1544	7	4	,, ,,	4249
,,	,, ,,	,, ,,	24	5	16	丁 丑 14, Ting-tch'eou	1545	6	24	,, ,,	4251

DYNASTIE.	EMPEREUR.	RÈGNE.	AN.	LUNE.	JOUR.	SIGNE CYCLIQUE.	AN. ap.J.C.	MOIS SOL.	JOUR.	LIEU.	CAN. OPP.
明 Ming	世 宗 Che Tsong	嘉 靖 Kia-tsing	27	3	15	庚　寅 27, Keng-yn	1548	4	22	*Lat. 39° 57' Long. 116° 29'* 直 隸 順 天 府 Tche-li Choen-t'ien F.	4255
,,	,, ,,	,, ,,	,,	9	16	戊　子 25, Meou-tse	,,	10	17	,, ,,	4256
,,	,, ,,	,, ,,	30	1	16	甲　辰 41, Kia-tch'en	1551	2	20	,, ,,	4259
,,	,, ,,	,, ,,	31	1	16	己　亥 36, Ki-hai	1552	2	10	,, ,,	4261
,,	,, ,,	,, ,,	,,	7	15	乙　未 32, Y-wei	,,	8	4	,, ,,	4262
,,	,, ,,	,, ,,	32	1	16	癸　巳 30, Koei-se	1553	1	29	,, ,,	0
,,	,, ,,	,, ,,	33	5	16	乙　卯 52, Y-mao	1554	6	15	,, ,,	4263
,,	,, ,,	,, ,,	34	11	15	丙　午 43, Ping-ou	1555	11	28	,, ,,	4266
,,	,, ,,	,, ,,	37	8	16	庚　申 57, Keng-chen	1558	9	27	,, ,,	4270
,,	,, ,,	,, ,,	38	2	15	丁　巳 54, Ting-se	1559	3	23	,, ,,	4271
,,	,, ,,	,, ,,	,,	8	15	甲　寅 51, Kia-yn (1)	,,	9	16	,, ,,	4272
,,	,, ,,	,, ,,	39	8	15	戊　申 45, Meou-chen	1560	0	4	,, ,,	4274

19   (1) Cette éclipse fut dissimulée par les nuages.

DYNASTIE.	EMPEREUR.	RÈGNE.	AN.	LUNE.	JOUR.	SIGNE CYCLIQUE.	AN. ap.J.C.	MOIS SOL.	JOUR.	LIEU.	CAN. OPP.
明 Ming	世 宗 Che Tsong	嘉 靖 Kia-tsing	40	6	15	癸 酉 10, Koei-yeou	1561	7	26	*Lat. 39° 57' Long. 116° 29'* 直 隸 順 天 府 Tche-li Choen-t'ien F.	0
,,	,, ,,	,, ,,	,,	12	16	辛 未 8, Sin-wei	1562	1	20	,, ,,	4275
,,	,, ,,	,, ,,	41	12	15	己 丑 乙 丑 [26,Ki-tch'eou]2,Y-tch'eou(1)	1563	1	9	,, ,,	4277
,,	,, ,,	,, ,,	42	6	16	壬 戌 59, Jen-siu	1563	7	5	,, ,,	4278
,,	,, ,,	,, ,,	45	10	16	癸 酉 10, Koei-yeou	1566	10	28	,, ,,	4283
,,	穆 宗 Mou Tsong	隆 慶 Long-k'ing	3	7	15	丙 戌 23. Ping-siu (2)	1569	8	26	,, ,,	4287
,,	,, ,,	,, ,,	4	7	14	庚 辰 17, Keng-tch'en	1570	8	15	,, ,,	4289
,,	,, ,,	,, ,,	5	7	15	乙 亥 12, Y-hai	1571	8	5	,, ,,	4290
,,	,, ,,	,, ,,	6	[6] 5	16	庚 子 37, Keng-tse	1572	6	25	,, ,,	4291
,,	神 宗 Chen Tsong	萬 曆 Wan-li	1	11	15	辛 卯 28, Sin-mao	1573	12	8	,, ,,	4294
,,	,, ,,	,, ,,	2	5	16	己 丑 26, Ki-tch'eou	1574	6	4	,, ,,	4295
,,	,, ,,	,, ,,	,,	11	16	丙 戌 23, Ping-siu	,,	11	28	,, ,,	4296

(1) (2) Cette éclipse fut dissimulée par les nuages.

DYNASTIE.	EMPEREUR.	RÈGNE.	AN.	LUNE.	JOUR.	SIGNE CYCLIQUE.	AN. ap. J.C.	MOIS SOL.	JOUR.	LIEU.	CAN. OPP.
明 Ming	神 宗 Chen Tsong	萬 曆 Wan-li	4	9	16	乙 巳 42, Y-se	1576	10	7	*Lat. 39° 57' Long. 116° 29'* 直 隸 順 天 府 Tche-li Choen-t'ieu F.	4298
,,	,, ,,	,, ,,	5	3	15	壬 寅 39, Jen-yn	1577	4	2	,, ,,	4299
,,	,, ,,	,, ,,	,,	8bis	16	庚 子 37, Keng-tse (1)	,,	9	27	,, ,,	4300
,,	,, ,,	,, ,,	6	2	16	丁 酉 34, Ting-yeou	1578	3	23	,, ,,	4301
,,	,, ,,	,, ,,	7	7	14	戊 午 55, Meou-ou (2)	1579	8	6	,, ,,	0
,,	,, ,,	,, ,,	8	1	16	丙 辰 53, Ping-tch'en	1580	1	31	,, ,,	4303
,,	,, ,,	,, ,,	,,	6	15	癸 丑 50, Koei-tch'eou	,,	7	26	,, ,,	4304
,,	,, ,,	,, ,,	,,	12	15	庚 戌 47, Keng-siu	1581	1	19	,, ,,	4305
,,	,, ,,	,, ,,	11	4	16	丁 卯 4, Ting-mao	1583	6	5	,, ,,	4308
,,	,, ,,	,, ,,	,,	10	16	甲 子 1, Kia-tse	,,	11	29	,, ,,	4309
,,	,, ,,	,, ,,	12	4	15	辛 酉 58, Sin-yeou	1584	5	24	,, ,,	4310
,,	,, ,,	,, ,,	13	4	14	乙 卯 52, Y-mao	1585	5	13	,, ,,	4312

(1) (2) Cette éclipse annoncée n'eut pas lieu.

DYNASTIE.	EMPEREUR.	RÈGNE.	AN.	LUNE.	JOUR.	SIGNE CYCLIQUE.	AN. ap.J.C.	MOIS SOL.	JOUR.	LIEU.	CAN. OPP.
明 Ming	神 宗 Chen Tsong	萬 曆 Wan-li	13	9bis	16	癸 丑 50, Koei-tch'eou	1585	11	7	Lat. 30° 57' Long. 116° 29' 直 隸 順 天 府 Tche-li Choen-t'ien F.	4313
,,	,, ,,	,, ,,	15	8	14	辛 未 8, Sin-wei	1587	9	16	,, ,,	4315
,,	,, ,,	,, ,,	17	1	16	甲 子 1, Kia-tse	1589	3	2	,, ,,	0
,,	,, ,,	,, ,,	,,	7	15	庚 申 57, Keng-chen	,,	8	25	,, ,,	4318
,,	,, ,,	,, ,,	,,	12	15	戊 子 25, Meou-tse (1)	1590	1	20	,, ,,	0
,,	,, ,,	,, ,,	18	12	14	壬 午 19, Jen-ou	1591	1	9	,, ,,	4320
,,	,, ,,	,, ,,	19	5	16	庚 辰 17, Keng-tch'en	,,	7	6	,, ,,	4321
,,	,, ,,	,, ,,	20	5	15	甲 戌 11, Kia-siu	1592	6	24	,, ,,	4323
,,	,, ,,	,, ,,	22	3	15	癸 巳 30, Koei-se	1594	5	4	,, ,,	4325
,,	,, ,,	,, ,,	24	3	15	壬 午 19, Jen-ou (2)	1596	4	12	,, ,,	4329
,,	,, ,,	,, ,,	29	[3] 5	15	壬 子 49, Jen-tse	1601	6	15	,, ,,	4336
,,	,, ,,	,, ,,	,,	11	15	己 酉 46, Ki-yeou	,,	12	9	,, ,,	4337

(1) (2) Cette éclipse annoncée n'eut pas lieu.

DYNASTIE.	EMPEREUR.	RÈGNE.	AN.	LUNE.	JOUR.	SIGNE CYCLIQUE.	AN. ap.J.C.	MOIS SOL.	JOUR.	LIEU.	CAN. OPP.
明 Ming	神宗 Chen Tsong	萬曆 Wan-li	30	4	15	丙 午 43, Ping-ou	1602	6	4	*Lat. 39° 57' Long. 116° 29'* 直隸順天府 Tche-li Choen-t'ien F.	4338
,,	,, ,,	,, ,,	34	2	16	乙 卯 52, Y-mao	1606	3	24	,, ,,	4344
,,	,, ,,	,, ,,	,,	,,	17	丙 辰 53, Ping-tch'en	,,	3	25	,, ,,	0
,,	,, ,,	,, ,,	,,	8	15	辛 亥 48, Sin-hai	,,	9	16	,, ,,	4345
,,	,, ,,	,, ,,	36	6	16	辛 未 8, Sin-wei	1608	7	27	,, ,,	4347
,,	,, ,,	,, ,,	37	12	15	壬 戌 59, Jen-siu	1610	1	9	,, ,,	4350
,,	,, ,,	,, ,,	40	4	13	己 卯 16, Ki-mao	1612	5	15	,, ,,	
						戊 寅 *15. Meou-yn*	,,	*5*	*14*		*4353*
,,	,, ,,	,, ,,	,,	10	16	丙 子 13, Ping-tse	,,	11	8	,, ,,	4354
,,	,, ,,	,, ,,	41	3	15	癸 酉 10, Koei-yeou	1613	5	4	,, ,,	4355
,,	,, ,,	,, ,,	,,	9	15	庚 午 7, Keng-ou	,,	10	28	,, ,,	4356
,,	,, ,,	,, ,,	42	9	15	甲 子 1, Kia-tse	1614	10	17	,, ,,	4358

DYNASTIE.	EMPEREUR.	RÈGNE.	AN.	LUNE.	JOUR.	SIGNE CYCLIQUE.	AN. ap.J.C.	MOIS SOL.	JOUR.	LIEU.	CAN. OPP.
明 Ming	神宗 Chen Tsong	萬曆 Wan-li	44	1	16	丁 亥 24, Ting-hai	1616	3	3	*Lat. 39° 57′ Long. 116° 29′* 直 隸 順 天 府 Tche-li Choen-t'ien F.	4359
,,	,, ,,	,, ,,	46	1	15	乙 亥 12, Y-hai	1618	2	9	,, ,,	4363
,,	光 宗 Koang Tsong	泰 昌 T'ai-tch'ang	1	11	16	已 丑 26, Ki-tch'eou	1620	12	9	,, ,,	4367
,,	熹 宗 Hi Tsong	天 啟 T'ien-k'i	3	9	15	壬 寅 39, Jen-yn	1623	10	8	,, ,,	4371
,,	,, ,,	,, ,,	6	6bis	15	乙 卯 52, Y-mao (1)	1626	8	6	,, ,,	0
,,	,, ,,	,, ,,	,,	12	15	癸 丑 50, Koei-tch'eou	1627	1	31	,, ,,	4376
,,	,, ,,	,, ,,	7	12	15	戊 申 45, Meou-chen	1628	1	21	,, ,,	
						丁 未 *44, Ting-wei*	,,	1	20		*4378*
,,	莊 烈 帝 Tchoang-lié Ti	崇 禎 Tch'ong-tchen	1	6	16	乙 巳 42, Y-se	1628	7	16	,, ,,	4379
,,	,, ,,	,, ,,	,,	11	16	癸 酉 10, Koei-yeou	,,	12	11	,, ,,	0
,,	,, ,,	,, ,,	4	4	15	戊 午 55, Meou-ou	1631	5	15	,, ,,	4383
,,	,, ,,	,, ,,	7	2	15	壬 申 9, Jen-chen	1634	3	14	,, ,,	4387

(1) Cette éclipse fut dissimulée par les nuages.

DYNASTIE.	EMPEREUR.	RÈGNE.	AN.	LUNE.	JOUR.	SIGNE CYCLIQUE.	AN. ap. J.C.	MOIS SOL.	JOUR.	LIEU.	CAN. OPP.
明 Ming	莊 烈 帝 Tchoang-lié Ti	崇 禎 Tch'ong-tchen	7	8	16	己 巳 6, Ki-se	1634	9	7	*Lat. 39° 57' Long. 116° 29'* 直 隸 順 天 府 Tche-li Choen-t'ien F.	4388
,,	,, ,,	,, ,,	8	1	15	丙 寅 3, Ping-yn	1635	3	3	,, ,,	4389
,,	,, ,,	,, ,,	14	9	15	戊 子 25, Meou-tse	1641	10	19	,, ,,	
						丁 亥 24, *Ting-hai*	,,	*10*	*18*		*4399*
大 淸 Ta Ts'ing	世 祖 Che Tsou	順 治 Choen-tche	2	1	15	己 亥 36, Ki-hai	1645	2	11	,, ,,	
						戊 戌 35, *Meou-siu*	,,	*2*	*10*		*4404*
,,	,, ,,	,, ,,	,,	6bis	16	丙 申 33, Ping-chen	,,	8	7	,, ,,	4405
,,	,, ,,	,, ,,	3	6	16	辛 卯 28, Sin-mao	1646	7	28	,, ,,	
						庚 寅 27, *Keng-yn*	,,	*7*	*27*		*4407*
,,	,, ,,	,, ,,	,,	12	16	戊 子 25, Meou-tse	1647	1	21	,, ,,	
						丁 亥 24, *Ting-hai*	,,	*1*	*20*		*4408*
,,	,, ,,	,, ,,	5	4bis	15	己 酉 46, Ki-yeou	1648	6	5	,, ,,	4409

DYNASTIE.	EMPEREUR.	RÈGNE.	AN.	LUNE.	JOUR.	SIGNE CYCLIQUE.	AN. ap.J.C.	MOIS SOL.	JOUR.	LIEU.	CAN. OPP.
大 清 Ta Ts'ing	世 祖 Che Tsou	順 治 Choen-tche	7	4	16	己 亥 36, Ki-hai	1650	5	16	*Lat. 39° 57' Long. 116° 29'* 直 隸 順 天 府 Tche-li Choen-t'ien F.	
						戊 戌 *35, Meou-siu*	,,	*5*	*15*		*4413*
,,	,, ,,	,, ,,	9	8	16	乙 卯 52, Y-mao	1652	9	18	,, ,,	
						甲 寅 *51, Kia-yn*	,,	*9*	*17*		*4416*
,,	,, ,,	,, ,,	10	7	16	己 酉 46, Ki-yeou	1653	9	7	,, ,,	4418
,,	,, ,,	,, ,,	12	12	16	丙 寅 3, Ping-yn	1656	1	12	,, ,,	
						乙 丑 *2, Y-tch'eou*	,,	*1*	*11*		*4421*
,,	,, ,,	,, ,,	13	5bis	15	壬 戌 59, Jen-siu	,,	7	6	,, ,,	4422
,,	,, ,,	,, ,,	,,	11	16	庚 申 57, Keng-chen	,,	12	31	,, ,,	4423
,,	,, ,,	,, ,,	14	5	15	丁 巳 54, Ting-se	1657	6	26	,, ,,	
						丙 辰 *53, Ping-tch'en*	,,	*6*	*25*		*4424*

DYNASTIE.	EMPEREUR.	RÉGNE.	AN.	LUNE.	JOUR.	SIGNE CYCLIQUE.	AN. ap. J.C.	MOIS SOL.	JOUR.	LIEU.	CAN. OPP.
大 清 Ta Ts'ing	世 祖 Che Tsou	順 治 Choen-tche	14	11	17	乙 卯 52, Y-mao	1657	12	21	*Lat. 39° 57' Long. 116° 29'* 直 隸 順 天 府 Tche-li Choen-t'ien F.	
						甲 寅 *51, Kia-yn*	,,	*12*	*20*		*4425*
,,	,, ,,	,, ,,	16	3bis	17	丁 丑 14, Ting-tch'eou	1659	5	7	,, ,,	
						丙 子 *13, Ping-tse*	,,	*5*	*6*		*4426*
,,	,, ,,	,, ,,	17	3	16	辛 未 8, Sin-wei	1660	4	25	,, ,,	4428
,,	,, ,,	,, ,,	,,	9	15	丁 卯 4, Ting-mao	,,	10	18	,, ,,	4429
,,	,, ,,	,, ,,	18	3	16	乙 丑 2, Y-tch'eou	1661	4	14	,, ,,	4430
,,	聖 祖 Cheng Tsou	康 熙 K'ang-hi	2	7	17	壬 午 19, Jen-ou	1663	8	19	,, ,,	
						辛 巳 *18, Sin-se*	,,	*8*	*18*		*4433*
,,	,, ,,	,, ,,	3	1	15	戊 寅 15, Meou-yn	1664	2	11	,, ,,	4434
,,	,, ,,	,, ,,	5	5	15	乙 未 32, Y-wei	1666	6	17	,, ,,	
						甲 午 *31, Kia-ou*	,,	*6*	*16*		*4437*

DYNASTIE.	EMPEREUR.	RÈGNE.	AN.	LUNE.	JOUR.	SIGNE CYCLIQUE.	AN. ap.J.C.	MOIS SOL.	JOUR.	LIEU.	CAN. OPP.
大 淸 Ta Ts'ing	聖 祖 Cheng Tsou	康 熙 K'ang-hi	5	11	16	壬 辰 29, Jen-tch'en	1666	12	11	Lat. 39° 57' Long. 116° 29' 直 隸 順 天 府 Tche-li Choen-t'ien F.	4438
,,	,, ,,	,, ,,	7	10	15	庚 辰 17, Keng-tch'en	1668	11	18	,, ,,	4442
,,	,, ,,	,, ,,	9	[3bis]2bis	16	癸 卯 40, Koei-mao	1670	4	5	,, ,,	4443
,,	,, ,,	,, ,,	10	2	15	丁 酉 34, Ting-yeou	1671	3	25	,, ,,	4445
,,	,, ,,	,, ,,	,,	8	17	乙 未 32, Y-wei	,,	9	19	,, ,,	
						甲 午 *31, Kia-ou*	,,	*9*	*18*		*4446*
,,	,, ,,	,, ,,	11	2	15	辛 卯 28, Sin-mao	1672	3	13	,, ,,	4447
,,	,, ,,	,, ,,	13	6	15	戊 申 45, Meou-chen	1674	7	18	,, ,,	4450
						丁 未 *44, Ting-wei*	,,	*7*	*17*		
,,	,, ,,	,, ,,	,,	12	17	丙 午 43, Ping-ou	1675	1	12	,, ,,	
						乙 巳 *42, Y-se*	,,	*1*	*11*		*4451*
,,	,, ,,	,, ,,	16	10	15	戊 午 55, Meou-ou	1677	11	9	,, ,,	4455

DYNASTIE.	EMPEREUR.	RÈGNE.	AN.	LUNE.	JOUR.	SIGNE CYCLIQUE.	AN. ap.J.C.	MOIS SOL.	JOUR.	LIEU.	CAN. OPP.
大 清 Ta Ts'ing	聖 祖 Cheng Tsou	康 熙 K'ang-hi	17	3bis	17	丁 巳 54, Ting-se	1678	5	7	Lat. 39° 57' Long. 116° 29' 直 隸 順 天 府 Tche-li Choen-t'ien F.	
						丙 辰 53. Ping-tch'en	,,	5	6		4456
,,	,, ,,	,, ,,	,,	9	15	癸 丑 50, Koei-tch'eou	,,	10	30	,, ,,	
						壬 子 49, Jen-tse	,,	10	29		4457
,,	,, ,,	,, ,,	18	3	16	辛 亥 48, Sin-hai	1679	4	26	,, ,,	
						庚 戌 47, Keng-siu	,,	4	25		4458
,,	,, ,,	,, ,,	,,	9	15	丁 未 44, Ting-wei	,,	10	19	,, ,,	4459
,,	,, ,,	,, ,,	20	1	15	己 巳 6, Ki-se	1681	3	4	,, ,,	4460
,,	,, ,,	,, ,,	21	1	16	甲 子 1, Kia-tse	1682	2	22	,, ,,	
						癸 亥 60, Koei-hai	,,	2	21		4462
,,	,, ,,	,, ,,	22	1	16	戊 午 55, Meou-ou	1683	2	11	,, ,,	4464

DYNASTIE.	EMPEREUR.	RÈGNE.	AN.	LUNE.	JOUR.	SIGNE CYCLIQUE.	AN. ap.J.C.	MOIS SOL.	JOUR.	LIEU.	CAN. OPP.
大 清 Ta Ts'ing	聖 祖 Cheng Tsou	康 熙 K'ang-hi	23	11	17	戊 寅 15, Meou-yn	1684	12	22	*Lat. 39° 57' Long. 116° 29'* 直 隸 順 天 府 Tche-li Choen-t'ien F.	
						丁 丑 *14, Ting-tch'eou*	,,	12	21		4467
,,	,,	,,	,,	,,	24	5	16	乙 亥 12, Y-hai	1685	6	17	,,	,,	
						甲 戌 *11, Kia-siu*	,,	6	16		4468
,,	,,	,,	,,	,,	,,	11	16	壬 申 9, Jen-chen	,,	12	11	,,	,,	
						辛 未 *8, Sin-wei*	,,	12	10		4469
,,	,,	,,	,,	,,	25	4bis	16	己 巳 6, Ki-se	1686	6	6	,,	,,	4470
,,	,,	,,	,,	,,	,,	10	15	丙 寅 3, Ping-yn	,,	11	30	,,	,,	
						乙 丑 *2, Y-tch'eou*	,,	11	29		4471
,,	,,	,,	,,	,,	27	3	16	己 丑 26, Ki-tch'eou	1688	4	16	,,	,,	
						戊 子 *25, Meou-tse*	,,	4	15		4472
,,	,,	,,	,,	,,	,,	9	16	乙 酉 22, Y-yeou	,,	10	9	,,	,,	4473

DYNASTIE.	EMPEREUR.	RÈGNE.	AN.	LUNE.	JOUR.	SIGNE CYCLIQUE.	AN. ap.J.C.	MOIS SOL.	JOUR.	LIEU.	CAN. OPP.
大 清 Ta Ts'ing	聖 祖 Cheng Tsou	康 熙 K'ang-hi	28	3	16	癸 未 20, Koei-wei	1689	4	5	*Lat. 39° 57' Long. 116° 29'* 直 隸 順 天 府 Tche-li Choen-t'ien F.	
						壬 午 19, Jen-ou	,,	4	4		4474
,,	,, ,,	,, ,,	29	2	15	丁 丑 14, Ting-tch'eou	1690	3	25	,, ,,	
						丙 子 13, Ping-tse	,,	3	24		4476
,,	,, ,,	,, ,,	,,	8	16	甲 戌 11, Kia-siu	,,	9	18	,, ,,	4477
,,	,, ,,	,, ,,	30	12	16	丙 申 33, Ping-chen	1692	2	2	,, ,,	4478
,,	,, ,,	,, ,,	32	6	15	丁 亥 24, Ting-hai	1693	7	17	,, ,,	4481
,,	,, ,,	,, ,,	,,	12	16	乙 酉 22, Y-yeou	1694	1	11	,, ,,	4482
,,	,, ,,	,, ,,	34	4	16	丁 未 44, Ting-wei	1695	5	28	,, ,,	4484
,,	,, ,,	,, ,,	,,	10	15	甲 辰 41, Kia-tch'en	,,	11	21	,, ,,	
						癸 卯 40, Koei-mao	,,	11	20		4485

DYNASTIE.	EMPEREUR.	RÈGNE.		AN.	LUNE.	JOUR.	SIGNE CYCLIQUE.	AN. ap.J.C.	MOIS SOL.	JOUR.	LIEU.	CAN. OPP.
大 淸 Ta Ts'ing	聖 祖 Cheng Tsou	康 熙 K'ang-hi		36	9	16	癸 巳 30, Koei-se	1697	10	30	Lat. 39° 57' Long. 116° 29' 直 隸 順 天 府 Tche-li Choen-t'ien F.	
							壬 辰 29, Jen-tch'en	,,	10	29		4489
,,	,, ,,	,, ,,		38	2	15	乙 卯 52, Y-mao	1699	3	16	,, ,,	
							甲 寅 51, Kia-yn	,,	3	15		4490
,,	,, ,,	,, ,,		,,	7bis	16	壬 子 49, Jen-tse	,,	9	9	,, ,,	4491
,,	,, ,,	,, ,,		39	7	15	丙 午 43, Ping-ou	1700	8	29	,, ,,	4493
,,	,, ,,	,, ,,		40	1	16	甲 辰 41, Kia-tch'en	1701	2	23	,, ,,	
							癸 卯 40, Koei-mao	,,	2	22		4494
,,	,, ,,	,, ,,		,,	7	15	庚 子 37, Keng-tse	,,	8	18	,, ,,	4495
,,	,, ,,	,, ,,		43	5	17	乙 卯 52, Y-mao	1704	6	18	,, ,,	
							甲 寅 51, Kia-yn .	,,	6	17		4499

DYNASTIE.	EMPEREUR.	RÈGNE.	AN.	LUNE.	JOUR.	SIGNE CYCLIQUE.	AN. ap.J.C.	MOIS SOL.	JOUR.	LIEU.	CAN. OPP.
大 淸 Ta Ts'ing	塑 祖 Cheng Tsou	康 熙 K'ang-hi	45	9	16	辛 未 8, Sin-wei	1706	10	22	*Lat. 39° 57' Long. 116° 29'* 直 隸 順 天 府 Tche-li Choen-t'ien F.	
						庚 午 *7, Keng-ou*	'„	10	21		*4502*
„	„ „	„ „	46	9	16	乙 丑 2, Y-tch'eou	1707	10	11	„ „	4504
„	„ „	„ „	47	8	17	庚 申 57, Keng-chen	1708	9	30	„ „	
						己 未 *56, Ki-wei*	„	9	29		*4506*
„	„ „	„ „	49	1	16	壬 午 10, Jen-ou	1710	2	14	„ „	
						辛 巳 *18, Sin-se*	„	2	13		*4507*
„	„ „	„ „	„	7	15	戊 寅 15, Meou-yn	„	8	9	„ „	4508
„	„ „	„ „	„	12	16	丙 子 13, Ping-tse	1711	2	3	„ „	4509
„	„ „	„ „	50	6	15	癸 酉 10, Koei-yeou	„	7	30	„ „	
						壬 申 *9, Jen-chen*	„	7	29		*4510*

DYNASTIE.	EMPEREUR.	RÈGNE.	AN.	LUNE.	JOUR.	SIGNE CYCLIQUE.	AN. ap. J.C.	MOIS SOL.	JOUR.	LIEU.	CAN. OPP.
大 清 Ta Ts'ing	聖 祖 Cheng Tsou	康 熙 K'ang-hi	50	12	17	辛 未 8, Sin-wei	1712	1	24	Lat. 39° 57' Long. 116° 29' 直 隸 順 天 府 Tche-li Choen-t'ieu F.	
						庚 午 7, Keng-ou	,,	1	23		4511
,,	,, ,,	,, ,,	52	5	17	癸 巳 30, Koei-se	1713	6	9	,, ,,	
						壬 辰 29, Jen-tch'en	,,	6	8		4513
,,	,, ,,	,, ,,	54	4	16	辛 巳 18, Sin-se	1715	5	18	,, ,,	4517
,,	,, ,,	,, ,,	56	8	17	戊 戌 35, Meou-siu	1717	9	21	,, ,,	
						丁 酉 34, T'ing-yeou	,,	9	20		4520
,,	,, ,,	,, ,,	57	2	15	甲 午 31, Kia-ou	1718	3	16	,, ,,	4521
,,	,, ,,	,, ,,	,,	8	16	壬 辰 29, Jen-tch'en	,,	9	10	,, ,,	
						辛 卯 28, Sin-mao	,,	9	9		4522
,,	,, ,,	,, ,,	58	7	15	丙 戌 23, Ping-siu	1719	8	30	,, ,,	
						乙 酉 22. Y-yeou	,,	8	29		4524

DYNASTIE.	EMPEREUR.	RÈGNE.	AN.	LUNE.	JOUR.	SIGNE CYCLIQUE.	AN. ap.J.C.	MOIS SOL.	JOUR.	LIEU.	CAN. OPP.
大 清 Ta Ts'ing	聖 祖 Cheng Tsou	康 熙 K'ang-hi	59	12	16	戊 申 45, Meou-chen	1721	1	13	Lat. 39° 57' Long. 116° 29' 直 隸 順 天 府 Tche-li Choen-t'ien F.	4525
,,	,, ,,	,, ,,	60	11	15	壬 寅 39, Jen-yn	1722	1	2	,, ,,	4527
,,	,, ,,	,, ,,	61	11	15	丙 申 33, Ping-chen	,,	12	22	,, ,,	4529
,,	世 宗 Che Tsong	雍 正 Yong-tcheng	3	9	17	辛 亥 48, Sin-hai	1725	10	22	,, ,,	
						庚 戌 *47, Keng-siu*	,,	10	21		*4533*
,,	,, ,,	,, ,,	4	3	15	丁 未 44, Ting-wei	1726	4	16	,, ,,	4534
,,	,, ,,	,, ,,	6	7	15	甲 子 1, Kia-tse	1728	8	20	,, ,,	
						癸 亥 *60. Koei-hai*	,,	8	19		*4537*
,,	,, ,,	,, ,,	7	1	17	壬 戌 59, Jen-siu	1729	2	14	,, ,,	
						辛 酉 *58. Sin-yeou*	,,	2	13		*4538*
,,	,, ,,	,, ,,	8	6	15	壬 子 49, Jen-tse	1730	7	29	,, ,,	4541
,,	,, ,,	,, ,,	9	11	15	甲 戌 11, Kia-siu	1731	12	13	,, ,,	4543

DYNASTIE.	EMPEREUR.	RÈGNE.	AN.	LUNE.	JOUR.	SIGNE CYCLIQUE.	AN. ap.J.C.	MOIS SOL.	JOUR.	LIEU.	CAN. OPP.
大清 Ta Ts'ing	世宗 Che Tsong	雍正 Yong-tcheng	10	5	16	壬申 9. Jen-chen	1732	6	8	Lat. 35° 57' Long. 116° 29' 直隸順天府 Tche-li Choen-t'ien F.	4544
,,	,, ,,	,, ,,	,,	10	15	己巳 6. Ki-se	,,	12	2	,, ,,	
						戊辰 5. Meou-tch'en	,,	12	1		4545
,,	,, ,,	,, ,,	11	4	16	丁卯 4. Ting-mao	1733	5	29	,, ,,	
						丙寅 3. Ping-yn	,,	5	28		4546
,,	,, ,,	,, ,,	,,	10	15	癸亥 60. Koei-hai	,,	11	21	,, ,,	4547
,,	,, ,,	,, ,,	13	3	15	乙酉 22. Y-yeou	1735	4	7	,, ,,	4548
,,	高宗 Kao Tsong	乾隆 K'ien-long	2	2	16	甲戌 11. Kia-siu	1737	3	16	,, ,,	4552
,,	,, ,,	,, ,,	3	12	16	甲午 31. Kia-ou	1789	1	25	,, ,,	
						癸巳 30. Koei-se	,,	1	24		4554
,,	,, ,,	,, ,,	4	6	15	庚寅 27. Keng-yn	1789	7	20	,, ,,	4555

DYNASTIE.	EMPEREUR.	RÈGNE.	AN.	LUNE.	JOUR.	SIGNE CYCLIQUE.	AN. ap.J.C.	MOIS SOL.	JOUR.	LIEU.	CAN. OPP.
大 清 Ta Ts'ing	高 宗 Kao Tsong	乾 隆 K'ien-long	4	12	16	戊 子 25. Meou-tse	1740	1	14	*Lat. 39° 57' Long. 116° 29'* 直 隸 順 天 府 Tche-li Choen-t'ien F.	
						丁 亥 *24. Ting-hai*	,,	*1*	*13*		*4556*
,,	,, ,,	,, ,,	5	11	15	壬 申 壬 午 [9, Jen-chen] 19, Jen-ou	1741	1	2	,, ,,	
						辛 巳 *18. Sin-se*	.,	*1*	*1*		*4558*
,,	,, ,,	,, ,,	7	4	15	甲 辰 41, Kia-tch'en	1742	5	19	,, ,,	4559
,,	,, ,,	,, ,,	,,	10	16	辛 丑 28. Sin-tch'eou	.,	11	12	,, ,,	4560
,,	,, ,,	,, ,,	8	4	15	戊 · 戌 35. Meou-siu	1743	5	8	,, ,,	4561
,,	,, ,,	,, ,,	9	3	15	癸 巳 30. Koei-se	1744	4	27	,, ,,	
						壬 辰 *29. Jen-tch'en*	,,	*4*	*26*		*4563*
,,	,, ,,	,, ,,	,,	9	16	庚 寅 27. Keng-yn	,,	10	21	,, ,,	4564
,,	,, ,,	,, ,,	11	2	16	壬 子 39. Jen-tse	1746	3	7	,, ,,	4565
,,	,, ,,	,, ,,	13	1	16	辛 丑 38. Sin-tch'eou	1748	2	14	,, ,,	4569

DYNASTIE.	EMPEREUR.	RÈGNE.	AN.	LUNE.	JOUR.	SIGNE CYCLIQUE.	AN. ap.J.C.	MOIS SOL.	JOUR.	LIEU.	CAN. OPP.
大清 Ta Ts'ing	高宗 Kao Tsong	乾隆 K'ien-long	14	11	15	庚 申 57, Keng-chen	1749	12	24	*Lat. 39° 57' Long. 116° 29'* 直隸順天府 Tche-li Choen-t'ien F.	
						己 未 *58, Ki-wei*	,,	*12*	*23*		*4572*
,,	,, ,,	,, ,,	15	5	17	戊 午 55, Meou-ou	1750	6	20	,, ,,	
						丁 巳 *54, Ting-se*	,,	*6*	*19*		*4573*
,,	,, ,,	,, ,,	16	10	16	己 酉 46, Ki-yeou	1751	12	3	,, ,,	
						戊 申 *45, Meou-chen*	,,	*12*	*2*		*4576*
,,	,, ,,	,, ,,	18	3	15	辛 未 8, Sin-wei	1753	4	18	,, ,,	
						庚 午 *7, Keng-ou*	,,	*4*	*17*		*4577*
,,	,, ,,	,, ,,	,,	9	16	戊 辰 5, Meou-tch'en	,,	10	12	,, ,,	4578
,,	,, ,,	,, ,,	19	8	15	壬 戌 59, Jen-siu	1754	10	1	,, ,,	4580
,,	,, ,,	,, ,,	20	8	15	丙 辰 53, Ping-tch'eu	1755	9	20	,, ,,	4582

DYNASTIE.	EMPEREUR.	RÈGNE.	AN.	LUNE.	JOUR.	SIGNE CYCLIQUE.	AN. ap.J.C.	MOIS SOL.	JOUR.	LIEU.	CAN. OPP.
大 清 Ta Ts'ing	高 宗 Kao Tsong	乾 隆 K'ien-long	23	6	17	辛 未 8, Sin-wei	1758	7	21	Lat. 39°.57' Long. 110° 29' 直 隸 順 天 府 Tche-li Choen-t'ien F.	
						庚 午 7, Keng-ou	,,	7	20		4586
,,	,,	,,	,,	12	15	丁 卯 4, Ting-mao	1759	1	13	,, ,,	4587
,,	,,	,,	,,	10	16	丁 亥 24, Ting-hai	1760	11	23	,, ,,	
			25			丙 戌 23, Ping-siu	,,	11	22		4589
,,	,,	,,	26	4	15	甲 申 21, Kia-chen	1761	5	19	,, ,,	
						癸 未 20, Koei-wei	,,	5	18		4590
,,	,,	,,	,,	10	16	辛 巳 18, Sin-se	,,	11	12	,, ,,	4591
,,	,,	,,	27	9	17	丙 子 13, Ping-tse	1762	11	2	,, ,,	
						乙 亥 12, Y-hai	,,	11	1		4593
,,	,,	,,	30	2	16	壬 辰 29, Jen-tch'en	1765	3	7	,, ,,	4596
,,	,,	,,	,,	7	15	戊 子 25, Meou-tse	,,	8	30	,, ,,	4597

DYNASTIE.	EMPEREUR.	RÉGNE.	AN.	LUNE.	JOUR.	SIGNE CYCLIQUE.	AN. ap.J.C.	MOIS SOL.	JOUR.	LIEU.	CAN. OPP.
大清 Ta Ts'ing	高宗 Kao Tsong	乾隆 K'ien-long	31	1	17	丁 亥 24, Ting-hai	1766	2	25	*Lat. 39° 57' Long. 116° 29'* 直 隸 順 天 府 Tche-li Choen-t'ien F.	
						丙 戌 23. *Ping-siu*	,,	2	24		4598
,,	,, ,,	,, ,,	33	11	15	己 巳 己 亥 [6, Ki-se] 36, Ki-hai	1768	12	23	,, ,,	4602
,,	,, ,,	,, ,,	36	9	17	甲 寅 51, Kia-yn	1771	10	24	,, ,,	
						癸 丑 50. *Koei-tch'eou*	,,	10	23		4606
,,	,, ,,	,, ,,	37	3	15	庚 戌 47, Keng-siu	1772	4	17	,, ,,	4607
,,	,, ,,	,, ,,	,,	9	16	戊 申 45, Meou-chen	,,	10	12	,, ,,	
						丁 未 44. *Ting-wei*	,,	10	11		4608
,,	,, ,,	,, ,,	38	8	16	壬 寅 39, Jen-yn	1773	10	1	,, ,,	
						辛 丑 38. *Sin-tch'eou*	,,	9	30		4610
,,	,, ,,	,, ,,	40	1	16	甲 子 1, Kia-tse	1775	2	15	,, ,,	4611
,,	,, ,,	,, ,,	,,	12	15	戊 午 55, Meou-ou	1776	2	4	,, ,,	4613

DYNASTIE.	EMPEREUR.	RÈGNE.	AN.	LUNE.	JOUR.	SIGNE CYCLIQUE.	AN. ap.J.C.	MOIS SOL.	JOUR.	LIEU.	CAN. OPP.
大淸 Ta Ts'ing	高宗 Kao Tsoung	乾隆 K'ien-long	41	12	16	癸丑 50. Koei-tch'eou	1777	1	24	*Lat. 39° 57' Long. 116° 29'* 直隷順天府 Tche-li Choen-t'ien F.	
						壬子 19. Jen-tse	,,	1	23		4615
,,	,, ,,	,, ,,	42	6	16	庚戌 47. Keng-siu	,,	7	20	,, ,,	4616
,,	,, ,,	,, ,,	44	10	17	丁卯 4. Ting-mao	1779	11	24	,, ,,	
						丙寅 3. Ping-yn	,,	11	23		4619
,,	,, ,,	,, ,,	45	4	15	癸亥 60. Koei-hai	1780	5	18	,, ,,	4620
,,	,, ,,	,, ,,	47	8	15	己卯 16. Ki-mao	1782	9	21	,, ,,	4623
,,	,, ,,	,, ,,	48	8	15	甲戌 11. Kia-siu	1783	9	11	,, ,,	
						癸酉 10. Koei-yeou	,,	9	10		4625
,,	,, ,,	,, ,,	49	7	15	戊辰 5. Meou-tch'en	1784	8	30	,, ,,	4627
,,	,, ,,	,, ,,	50	12	15	庚寅 27. Keng-yn	1786	1	14	,, ,,	4628

APPENDICE.

Dans la *Concordance des Chronologies néoméniques chinoise et européenne* (Var. sin. n° 29), le calendrier du Royaume de Lou 魯 (époque du Tch'oen-ts'ieou 春秋) n'est pas étudié; sur la chronologie de ce temps, on peut voir les idées du P. Hoang dans *Mélanges sur la Chronologie chinoise* (Var. sin. n° 52), pp. 187 à 205; on y trouvera une table (pp. 202 à 204) donnant la correspondance des années de règne des empereurs de la dynastie Tcheou 周 et des rois du Royaume de Lou 魯

Les éclipses de soleil suivantes n'ont pas été relevées par le P. Hoang: quelques-unes, à dates erronées, ont pu être à dessein omises par lui. (Voir Avertissement, p. IV.) *(Note de l'éditeur.)*

ÉCLIPSES DE SOLEIL.

	DYNASTIE	EMPEREUR OU ROI	RÈGNE	AN	LUNE	JOUR	SIGNE CYCLIQUE	AN ap.J.C.	MOIS SOL.	JOUR	LIEU	CAN. OPP.
p. 11	東漢 Tong Han	光武帝 Koang-ou Ti	建武 Kien-ou	11	6	28	癸丑　丁卯 [50, Koei-tch'eou] 4, Ting-mao	35	8	21	*Lat. 34° 43' Long. 112° 28'* 河南河南府 Ho-nan Ho-nan F.	2971
"	"	"	"	11	12	0	辛亥 [48, Sin-hai] †	36	1			0
p. 25	東晉 Tong Tsin	穆帝 Mou-Ti	永和 Yong-houo	2	4	0	己酉 46, Ki-yeou †	346	5		*Lat. 32° 05' Long. 118° 47'* 江蘇江寧府 Kiang-sou Kiang-ning F.	0
p. 49	後梁 Heou Liang	太祖 T'ai Tsou	開平 K'ai-p'ing	4	12*	0	庚午 7, Keng-ou †	910	5		*Lat. 34° 52' Long. 114° 33'* 河南開封府 Ho-nan K'ai-fong F.	0
p. 50	後唐 Heou T'ang	明宗 Ming Tsong	天成 T'ien-tch'eng	4	6	1	癸丑　戊戌 [50, Koei-tch'eou] 35, Ou-siu	929	7	9	*Lat. 34° 43' Long. 112° 28'* 河南河南府 Ho-nan Ho-nan F.	5079
p. 51	後晉 Heou Tsin	高祖 Kao Tsou	天福 T'ien-fou	5	11	1	丁丑　壬戌 [14, Ting-tch'eou] 59, Jen-siu	940	12	2	*Lat. 34° 52' Long. 114° 33'* 河南開封府 Ho-nan K'ai-fong F.	5106
"	"	出帝 Tch'ou Ti	開運 K'ai-yun	1	3	1	丁丑　癸酉 [14, Ting-tcheou] 10, Koei-yeou	944	3	27	" "	5113
p. 52	後周 Heou Tcheou	世宗 Che-Tsong	顯德 Hien-té	3	12	0	癸酉 10, Koei-yeou †	957	1		" "	0

	DYNASTIE	EMPEREUR OU ROI	RÈGNE	AN	LUNE	JOUR	SIGNE CYCLIQUE	AN ap.J.C.	MOIS SOL.	JOUR	LIEU	CAN. OPP.
p. 60	遼 Liao	道 宗 Tao Tsong	太 康 T'ai-k'ang	6	11	1	己 丑 26, Ki-tch'eou	1080	12	14	*Lat. 39° 57' Long. 116° 29'* 直 隸 順 天 府 Tche-li Choen-t'ien F.	5432
p. 61	北 宋 Pé Song	哲 宗 Tché Tsong	元 符 Yuen-fou	2	10	1	甲 寅　　己 亥 [51, Kia-yn] 36, Ki-hai	1009	11	15	*Lat. 34° 52' Long. 114° 33'* 河 南 開 封 府 Ho-nan K'ai-fong F.	5480
p. 73	元 Yuen	順 帝 Choen Ti	至 正 Tche-tcheng	2	10	1	己 亥 36, Ki-hai	1342	10	30	*Lat. 39° 57' Long. 116° 29'* 直 隸 順 天 府 Tche-li Choen-t'ien F.	6079
p. 76	明 Ming	太 祖 T'ai Tsou	洪 武 Hong-ou	11	12	6	乙 巳 42, Y-se †	1378	12	26	*Lat. 32° 05' Long. 118° 47'* 江 蘇 江 寧 府 Kiang-sou Kiang-ning F.	0
p. 84	,,	武 宗 Ou Tsong	正 德 Tcheng-té	1	3'	0	乙 亥 12, Y-hai †	1506	3		*Lat. 39° 57' Long. 116° 29'* 直 隸 順 天 府 Tche-li Choen-t'ien F.	0
p. 87	,,	神 宗 Chen Tsong	萬 曆 Wan-li	16	[8]7	1	壬 午　　壬 子 [19, Jen-ou] 49, Jen-tse	1588	8	22	,,　　　　　　,,	6634
p. 92	大 淸 Ta Ts'ing	世 宗 Che Tsong	雍 正 Yong-tcheng	13	9'	1	丁 酉 34, Ting yeou	1735	10	16	,,　　　　　　,,	6999

CORRIGENDA

—oo×◉×oo—

p. 1, ligne 1, ... *pour* : DU, *lire* : DE.
p. 2, dernière ligne, colonne 9, *pour* : 3, *lire* : 5.
p. 2, — — 10, *pour* : 31, *lire* : 30.
p. 5, ligne 6, — 4, *pour* : 1, *lire* : 6.
p. 7, dernière ligne, — 6, *pour* : 39, *lire* : 29.
p. 7, dernière ligne, — 7, *pour* : 32, *lire* : 22.
p. 16, ligne 3, — 12, *ajouter* 3256.
p. 83, ligne 10, — 10, *pour* : 6, *lire* : 7 pour avoir le jour donné par Oppolzer ; d'après la «Concordance des Néoménies», au signe cyclique 56 correspond bien le 6.
p. 90, ligne 11, colonne 12, *pour* : 6862, *lire* : 6863.
p. 97, ligne 6 à partir du bas, colonne 8, *pour* : 56, *lire* : 50.
p. 97, dernière ligne, *pour* : Fu, *lire* : Fou.

www.ingramcontent.com/pod-product-compliance
Lightning Source LLC
LaVergne TN
LVHW020526060726

842525LV00004B/1095